工程管理设计研究
原理与方法

宁 延 著

清华大学出版社
北京

内 容 简 介

工程是人类改造已有系统的对象和过程的统一。工程管理活动需要先设计再实施。本书针对工程管理设计研究的原理和方法展开系统阐述,具体包括问题研究、解决方案设计、解决方案评估三个阶段,并以此体系为基础,论述如何通过工程管理设计研究培养复杂工程管理问题解决能力和训练设计思维,以及培养科学、理性的工程价值观。

图书在版编目(CIP)数据

工程管理设计研究 : 原理与方法 / 宁延著. -- 北京 : 清华大学出版社, 2024. 12. -- ISBN 978-7-302-67629-4

Ⅰ. TU71

中国国家版本馆 CIP 数据核字第 2024ZY6828 号

责任编辑:冯 昕 赵从棉
封面设计:傅瑞学
责任校对:欧 洋
责任印制:宋 林

出版发行:清华大学出版社
　　　　　网　　　址:https://www.tup.com.cn, https://www.wqxuetang.com
　　　　　地　　　址:北京清华大学学研大厦 A 座　　　邮　　编:100084
　　　　　社 总 机:010-83470000　　　　　　　　　邮　　购:010-62786544
　　　　　投稿与读者服务:010-62776969, c-service@tup.tsinghua.edu.cn
　　　　　质量反馈:010-62772015, zhiliang@tup.tsinghua.edu.cn
印 装 者:涿州汇美亿浓印刷有限公司
经　　销:全国新华书店
开　　本:185mm×260mm　　印　张:11　　　　　字　　数:266 千字
版　　次:2024 年 12 月第 1 版　　　　　　　　印　　次:2024 年 12 月第 1 次印刷
定　　价:42.00 元

产品编号:107656-01

前言

PREFACE

　　工程是人类改造已有系统的对象和过程的统一。人们开展工程全寿命期(策划、设计、建造与运维)各阶段的管理活动时,需要先设计再实施。工程管理活动的设计是实施的前提,也是预期结果的推演状态。在研究领域,已有非常成熟的体系指导结构、机械设计等工程技术设计,但对如何开展工程管理设计仍缺乏针对性指导。从实践和工程管理专业研究生培养角度,我们急需工程管理设计方面的方法论指导。本书主要关注如何开展工程管理设计研究,希望能够提供一个方法论方面的参考。

　　作者从 2015 年开始琢磨和酝酿工程管理设计研究,同时由于参与了全过程咨询、工程总承包、集中建设、重大工程管理、项目型企业管理等实践咨询,对工程管理设计实践有了一些感悟和理解。2020 年春季,作者开始全身心投入书稿写作,直到目前所呈现的书稿。

　　本书主要想回应以下三个问题:

　　(1)体系角度:立足于工程科学的研究范式。

　　本书所关注的工程管理设计是指,对工程管理实践问题进行研究,提出解决方案,并进行解决方案评估的过程。其基本步骤包括:①问题研究。确定具体的实践问题,并明确解决问题的必要性和重要性。②解决方案设计。从已有理论基础或已有案例中获取可借鉴的经验,为解决方案设计提供理论基础,进行解决方案设计。③解决方案评估。采用专家评估、准试验、仿真、案例等方法评估解决方案的有效性。本书以此步骤为体系架构,并系统地介绍各步骤的要求和做法。

　　(2)能力角度:融合复杂问题解决能力和设计思维训练。

　　本书以解决复杂问题和设计思维训练为工程管理设计的核心能力要求,重点介绍问题研究、解决方案设计与评估的逻辑和思路,并通过小案例等方式进行展示,这有助于培养读者复杂问题解决能力和设计思维能力,进而促进工程管理设计实践的科学性和规范性。

　　(3)素质角度:强调工程管理设计中价值体系的引领性。

　　工程管理问题的解决过程,涉及技术层面问题,更为重要的是涉及职业伦理、价值观等因素,每一个解决方案都体现了实践者要做怎样的决策,做一个怎样的人,给社会带来怎样的影响等。很多复杂问题的解决过程往往都是对人性的考验。工程管理设计的价值体现在目标的确定,以及设计过程的综合决策。在目标设计中,考虑工程与社会、工程与环境和可持续发展的关系,综合体现理性、科学的价值体系的引领。本书以此作为工程管理设计的价值基础,将其融合到工程管理设计的流程、步骤和方法当中。

　　本书包括 9 章。其中第 1~3 章介绍基本的背景和概念,包括工程和工程管理、工程管理设计研究体系、理论基础。第 4~6 章是主体章节,分别介绍问题研究、解决方案设计、解决方案评估三个阶段。第 7、8 章是针对工程管理设计中的迭代和复杂工程管理问题的解决。最后一章介绍论文写作的相关要素。

本书可为工程管理专业硕士研究生的论文研究提供一些参考，也可为业界工程师和管理者解决工程管理问题提供指引。本书获得了南京大学学业课程和品牌教材、研究生"三个一百"优质课程建设项目、国家自然科学基金(72271118)的支持。课题组尚意然、张慧敏、苏开昕、王静等同学做了大量资料整理工作，在此对他们表示感谢。

本书对很多问题讨论得还比较浅，对有些问题一掠而过，甚至可能存在前后矛盾，权且当作抛砖引玉，敬请各位同行批评指正。

宁　延

2024 年 10 月

CONTENTS

第 1 章

工程和工程管理

本章主要介绍工程、工程管理的基本概念、特征,并介绍工程师的知识、能力与素质要求。

学习目标

(1) 理解工程和工程管理的概念内涵。

(2) 可判断工程与项目的联系和区别。

(3) 理解工程全寿命期集成的理念和思路。

(4) 可判断运营方和交付方工作的联系和区别。

(5) 理解工程师培养的知识、能力和素质要求。

1.1 工程概述

1.1.1 工程和工程系统

工程有以下常见定义:

(1) 工程涉及采用判断和创造力来应用从研究、经验和实践获得的数学和自然科学知识,以开发利用材料和自然的力量来实现人类的价值[1]。

(2) 工程采用系统的、迭代的方式来设计对象、过程、系统以满足人类的需要和愿望[2]。

(3) 工程是人类为了改善生存、生活条件,并根据当时对自然规律的认识,而进行的一项物化劳动的过程[3]。

虽然工程涉及的范围很广,但作为复杂人造物,工程具有相似性。总体来看,工程存在于一个开放系统,在一定的时间跨度和空间范围内进行策划、实施和运行等。其概念模型见图 1-1。

工程系统总体概念模型包括以下主要系统:

(1) 工程环境系统。环境是指对工程的策划、实施和运行有影响的所有外部因素的总和,如环境、经济、社会、政治等,它们构成工程外部的边界和约束条件。工程与其所处的环境紧密关联,受环境的制约,并影响环境的发展。

(2) 工程技术系统。工程技术系统是工程活动所交付的成果,如桥梁、软件等。工程技术系统承载着功能、经济、文化等方面的价值属性。

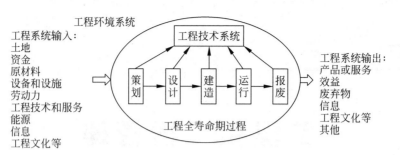

图 1-1　工程系统总体概念模型[4]

（3）工程全寿命期过程。工程全寿命期过程是指从前期策划、设计、建造、运行到报废的全过程。工程全寿命期相关工作围绕工程技术系统进行。前期策划阶段主要关注技术系统的决策工作，设计阶段形成一个软系统，建造阶段形成物理实体，运行阶段是对实体的使用和控制，报废阶段是针对实体的拆除工作。

（4）工程系统输入。工程系统输入决定了工程需求要素，通常包括：①土地；②资金；③原材料；④设备和设施等；⑤劳动力，如实施过程的劳务人员和运行维护人员等；⑥工程技术和服务工作，如各专业工程的设计技术、专利、产品生产技术、管理咨询服务；⑦能源；⑧信息，即从外界获得的各种信息和指令；⑨工程文化，即对工程有影响的文化因素，如设计人员和决策者的审美观、艺术修养、价值观等。不同类型工程的系统输入有一定差异。

（5）工程系统输出。工程在全寿命期过程都向外界环境输出：①工程的产品或服务。如高速公路提供交通服务，学校培养学生等。这些产品或服务必须能够被上层系统所接受，存在市场或社会需求。②效益。工程在运行过程中通过产品或服务取得效益，如盈利、积极的社会影响等。③废弃物。即在实施和运行过程中会产生许多废弃物，如垃圾、废水、废气、废料、噪声等。④信息。工程全寿命期过程向外界发布的各种信息，提交的各种报告。⑤工程文化。工程文化是指工程实体所反映的艺术风格、社会和民族文化、时代特征等。⑥其他。如输出新的工程技术、管理人员和管理系统等。

1.1.2　工程的特征

相较于科学活动注重"发现"，工程活动关注"造物"。如航天工程学家冯·卡门提出"科学家发现已有的世界，工程师创造从未有过的世界"。科学注重发现规律，工程活动是指针对人造物进行策划、设计、建造和运行的全过程。由于工程"造物"的出发点，工程问题常没有唯一答案，更突出以价值体系为导向。人造物的构思、形成和使用经历一个完整的寿命期。

本书中的工程管理主要是指构思、形成及使用人造物的过程所涉及的管理工作。

1. 价值体系

1）工程价值的内涵

工程具有特定的价值导向。价值是效益和成本间的关系，效益包括经济、社会、生态等方面的正面影响，成本是实现工程整体性功能和获得效益所付出的代价，如投资、环境污染等方面。实现价值需要实现效益和成本之间的平衡。在价值工程中，价值体现了功能和成本之间的关系。

　　工程是为了实现预定功能和目的而产生的。工程只有在满足了上层系统(如个人、组织、社会和国家)需要时,才能实现其价值。美国国家工程院院士 Mote 指出"工程的基本使命是为用户进行创造,工程愿景的规划要关注工程的使命,就是解决客户——人和社会的需求"[5]。工程价值直接约束工程策划、设计、建造和运行等阶段活动的开展,是工程作为人造物的起点。例如,建造一座桥是为了解决交通问题,造城墙是为了抵御外来侵扰,建科学装置是为了科学发展。任何工程的构思、设计、建造和运行都是为了实现其价值。工程价值是工程的灵魂[4]。

　　工程价值具有多维度、长周期、多主体等属性,因此工程价值常以体系形式存在。

　　2) 价值体系的多样性

　　工程价值体系具有以下典型特征:

　　(1) 价值体系的层级性。工程价值体系通常以层级形式表达,高层级价值较为抽象,低层级价值较为具体,并更具有可操作性。比如港珠澳大桥主体工程的建设目标是"建设世界级跨海通道,为用户提供优质服务,成为地标性建筑",体现了工程价值体系的抽象性,为决策、计划和实施提供了基本准则。操作层面的目标更为具体,需要具体的衡量指标,如经济价值、时间价值等。

　　(2) 可量化与不可量化性。除了常见的量化价值,工程价值常存在不可量化部分,无法通过量化数据进行表达,如社会价值、文化价值、环境价值、工程持续的影响力和对个人发展的影响等。

　　(3) 长周期性。工程运行期长,如一般建设工程设计使用年限是 50 年。由于工程运行期长,早先确定的功能可能会随着时间发生新的变化,某些变化甚至难以事先计划,如城墙早前的功能是抵御外扰,现在主要是旅游文化功能。

　　(4) 价值的双面性。工程价值体现了所获得"效益"与所付出"成本"的关系,工程价值需要在效益与成本之间取得平衡。

　　(5) 多主体差异性。参与工程的主体众多,其价值诉求存在差异。如使用者期望舒适的服务、较低的价格;实施单位期望盈利和获得市场价值。单个主体内部不同的层级也存在价值诉求差异,如企业有战略目标,而项目团队关注项目执行目标,个人关注个人层面的获得。主体价值诉求的差异带来行为动机的不一致和不统一。

　　(6) 价值范围模糊性。工程作为一个开放人造系统,对于其产生价值的衡量难以与周边系统截然划分,价值范围的界定存在模糊性,如高铁对周边环境和经济的影响,难以用清晰的物理界面进行划分。

　　对于复杂工程,价值体系呈现出功能谱的特征,是由构成性功能、生成性功能、涌现性功能等功能类型组合的有序排列[6]。

　　工程价值体系的特征深刻影响着各参与主体的动机、行为以及工程的实施。

　　2. 人造物

　　工程是人类通过创造人造物以改造已有系统。典型的人造物有:①工程实体,如大桥、高速公路、房屋等;②产品,如软件产品;③过程性人造物,如方法、流程、管理措施等,用于指引人们怎么完成某一任务;④服务性人造物,如咨询服务提供智力服务,通过模型和算法等来解决社会经济问题等。人造物常有多种类型的组合,如工程实体、产品、过程性人造物、服务性人造物共同发挥作用。

人造物具有以下典型特征：

（1）人造物是为了实现某特定功能和价值目标，并满足一定的价值诉求。这些功能、目标、价值诉求通常是上层系统所赋予的，并且受外部环境系统的约束。人造物通常是基于上层系统的需求和约束，进而主动干预已有系统的对象。

（2）人造物自身通过综合集成而成，具有整体性。同时，人造物处于更大的上层系统和外部环境系统中，受上层系统的约束，又是上层系统的组成部分。

（3）人造物可模仿自然物，但在某些方面并非完全模仿[7]。

（4）通过设计准则设计人造物，依据设计进行建造，以实现对已有系统的主动干预和改造。

3. 全寿命期过程

工程经历前期策划、计划实施、运行维护、报废等全寿命期过程。虽然不同的人造物（如服务类和实体类）在全寿命期阶段上存在一定差异，但人造物都要经历一个完整的全寿命期过程。

1）工程全寿命期

工程管理是指对工程的策划、实施、运行等全寿命期所涉及生产活动的组织。

（1）策划是对工程的文字性描述和构想，定义了工程的功能和目标，以及对设计、建造和运行的过程活动和管理活动的设计。

（2）实施主要包括设计和建造两个阶段。设计是依据策划进行工程的图像性呈现，如形成设计图纸；建造是对设计图纸的实现。设计和建造的目标约束和上层规划工作源于策划的结果和要求。实施阶段最终交付工程技术对象，以便使用。

（3）运行维护是指对工程技术对象的使用和维护，也可延伸到寿命期结束后的拆除和再利用阶段。与策划和实施阶段相比较，运行维护阶段针对重复性工作，两者的管理逻辑存在差异。

2）项目全寿命期

项目是指为创造独特的产品、服务或结果而进行的临时性工作[8]。项目包括以下基本特征。

（1）上层系统的约束。项目是在一定约束条件下实施的，这些约束条件来自于上层系统，如：质量、需求、进度要求；组织的资源约束，如投资、人力资源、技术、物资，或项目群、项目组合下的约束；组织和项目所处的环境系统，如自然环境、政策法规等。

（2）目标导向。目标导向是为了交付特定成果而设置的管理目标，如成本、进度、质量目标等。目标来自于上层系统的需求和约束，并且是根据项目自身所具备的能力和资源综合考虑而成的。

项目目标与交付物（工程技术对象）的目标不同。如成本、质量、进度目标是为了交付特定的成果而设置的目标。交付物具有全寿命期的目标，而项目目标只是其中的阶段性目标。如交付物包含运营目标，但项目通常不包含运营目标。

（3）项目任务。项目任务是指在目标引导下，由于要交付一定成果，而对生产或造物活动的组织等，如过程、流程等是由活动构成的。

（4）临时性组织。临时性组织承担项目任务，临时性是指项目组织成员由于承担任务而集结，完成任务则解散，具有任务导向。人员的能力要求、数量等由项目任务所决定，呈现出动态波动性。

（5）交付成果。项目是为交付一定成果而进行的努力，项目结束后须交付特定成果。

交付成果可能是有形的,也可能是无形的。如产品(一个新的应用程序、建筑物)、服务(咨询服务、会议或培训计划)等。项目交付成果具有一定独特性,是依据特定的上层系统条件而构想、设计和建造的。

项目全寿命期与工程全寿命期过程存在差异。项目全寿命期包括启动、计划、执行、监督与收尾五个相互联系的阶段。工程全寿命期包括策划、实施与运行。工程是针对交付物对象或人造物,而项目是针对活动和工作。下面以图 1-2 和图 1-3 中的两个例子说明项目全寿命期与工程(产品)全寿命期的区别。

(1)产品全寿命期始于一个项目或概念,结束于产品停止维护或使用。其中包括任务书开发、产品开发、产品生命周期管理等活动,一般经历导入、成长、成熟、衰退等产品全寿命期。在产品全寿命期过程中存在大量项目。依据定义,项目是指为创造独特的产品、服务或结果而进行的临时性工作。项目全寿命期是产品全寿命期的一部分,组织在产品寿命期的任何阶段都可以启动一个项目。如任务书开发阶段的客户需求调查项目、任务书开发项目、预研项目、平台开发项目、产品维护项目等,如图 1-2 所示。

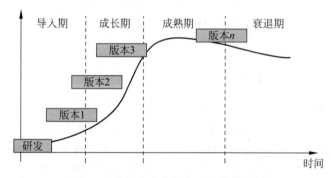

图 1-2 产品全寿命期与各阶段的项目

(2)工程全寿命期包括前期策划、设计和计划、施工、运行以及退役等阶段。在整个寿命期中,存在大量项目,如:前期策划的可行性研究项目;实施阶段的设计项目、施工项目、监理项目等;运营维护阶段的大修、小修项目等,如图 1-3 所示。

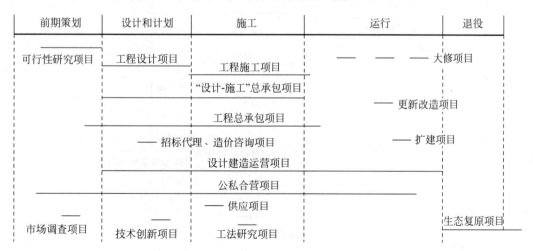

图 1-3 工程全寿命期与各阶段的项目

工程全寿命期和项目全寿命期的差异和联系是工程管理需要关注的重要问题。

1.2　工程管理

工程管理总体遵循价值、工程技术系统（或称为交付物对象）、过程、组织的逻辑关系（如图 1-4 所示）。总体而言，在价值统领下进行工程技术系统、管理流程和组织责任的设计。

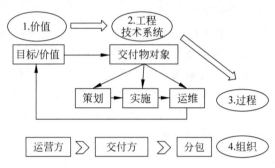

图 1-4　价值、交付物对象、过程、组织的逻辑关系

1.2.1　工程价值体系

工程价值体系直接影响和指导工程管理的实施过程。如港珠澳大桥主体工程的建设目标是"建设世界级的跨海通道、为用户提供优质服务、成为地标性建筑"，该目标直接定义了技术方案、质量标准、管理策略等方面的要求。工程设置零碳排放目标将直接影响材料选择、施工方案选择、可再生能源的使用等，渗透到策划、设计、建造、运维等环节。

1. 工程价值链

工程价值链是工程价值诉求、计划和获取的过程（如图 1-5 所示）。

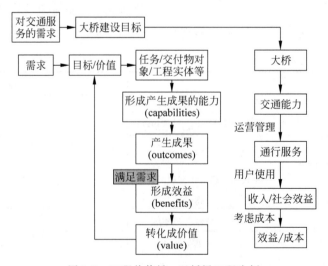

图 1-5　工程价值链：以桥梁工程为例

工程价值链中存在以下主要关系：

（1）用户需求。工程的本源是满足用户使用需求，为使用者创造价值，从而获得价值回报。需求是工程的起点，如交通服务需求、汽车产品需求、住房需求等。其中，用户是工程的使用者。此外，客户与用户有所不同，客户是相对供给方而言，企业通过销售产品与服务给客户，以获得价值。

（2）在需求基础之上，建立工程的目标/价值体系。目标既包括实现用户需求所需要的实体和能力，还包括在一定约束条件下（如政策、法规、市场、投资等）建设和运维所需资源的总体安排。简而言之，目标是一个物有所值的投资目标。同时对持续影响、资源消耗极大的工程，还需考虑环境责任、社会责任。

（3）目标指导工程实施，形成工程技术系统。工程实施包括设计和建造两个主要阶段，其中，设计是在目标约束条件下从图纸/概念角度细化技术系统；实施是将设计成果转化成人造物（包括实体和服务）的过程，最终形成工程技术系统。

技术系统人造物与服务系统人造物形成的周期和形式存在差异。针对前者，技术系统形成与服务（使用）的提供相分离（如大桥、飞机）；针对后者，服务提供与使用同步进行，如活动、咨询服务。

（4）交付物对象（工程技术系统）承载产出的能力。例如，造好的大桥具备产生交通流量的能力，但还不具备产生交通成果，即直接提供交通服务的能力。提供交通服务还需做好运营管理工作，如提供收费站服务、日常养护等。软件产品具有产出能力，但还需通过有效使用才可以提供服务。

（5）通过运营管理产生成果。运营管理针对重复性的日常工作。如：大桥通过运营提供通行服务；工厂通过运营管理生产产品。运营管理影响着成果的效果和效率。

（6）通过产生的成果满足用户需求，进而形成效益。如大桥有使用者通行，工厂生产的产品被购买与使用。

（7）在考虑成本的情形下，转化成价值。价值是效益和成本的综合考量。如：效益很高，但成本也很高，其产生的价值并非最优；经济效益很高，但造成严重环境污染，也意味着价值实现并非最满意。也有研究认为价值是交付物对象、产生成果的能力、成果、效益等的综合。

（8）价值最终回应工程目标。

2. 工程价值体系指标

工程的价值体系在目标层包括功能和质量要求、工程经济效益、时间目标、工程相关者满意、与环境相协调、具有可持续发展的能力[4]。

1）功能和质量要求

工程质量是反映工程满足规定和潜在需要能力的特性总和，常包括全寿命期工作质量、工程质量、最终整体功能、产品或服务质量的统一。

（1）功能要求。工程要能够提供符合预定功能要求的产品或服务，实现工程的使用价值，包括满足预定的产品特性、使用功能、质量要求、技术标准等。

（2）工程质量。包括：①工程的技术系统符合预定的质量要求，达到设计寿命；②工程系统运行和服务有高可靠性；③工程系统的运行有高安全性；④工程系统的运行和服务符合人性化的要求，人们可以方便舒适地使用工程；⑤工程具有可维修性。

（3）工程建设和运行过程中的工作质量。包括前期策划质量、工程规划和设计质量、工程施工质量、工程管理工作的质量、工程运行维护工作的质量。

2）工程经济效益

（1）工程全寿命期费用目标。工程全寿命期费用目标是追求在工程全寿命期中生产每单位产品（或提供单位服务）的平均费用最低。不仅应以尽可能少的费用消耗（投资、成本）完成工程建造任务，而且要低成本地提供工程产品和服务，达到预定的功能要求，提高工程的整体经济效益。

（2）工程的其他社会成本目标。其他社会成本是指工程全寿命期中由实施和运行导致的社会其他方面支出的增加，它不是直接由工程的投资者、生产者等支付的，而是由政府或社会的其他方面承担的。

社会成本是多方面的。例如：

① 在建造或维修一条高速公路期间，有许多车辆绕路多消耗的燃料和车辆的磨损开支。建设期越长，这样的花费就会越多。

② 在招标投标过程中许多未中标的投标人的投标开支。我国大量的工程招标都将标段和专业工程分得很细，都采用公开招标方式，导致社会成本的浪费。

③ 工程使用劣质、污染严重的材料，可能导致工程使用者的健康受损，使社会医疗费用支出增加。

④ 许多工程实施过程产生的"三废"（废水、废气、废渣），需要更多费用来治理。

（3）取得较高的运营收益。工程是通过出售产品和提供服务来取得收益。工程的运营收益有许多指标，如产品或服务的价格、工程的年产值、年利润、年净资产收益、总净资产收益、投资回报率等。

3）时间目标

工程的建设和运行有一定的时间限制。工程的时间目标也是多方面的。

（1）工程的设计寿命期限和工程的实际服务寿命。

（2）在预定的工程建设期内完成。

（3）投资回收期。投资回收期用来反映工程建设投资需要多久才能通过运营收入收回，来达到工程投资和收益的平衡。

（4）工程产品（或服务）的市场周期。工程产品的市场周期是按照工程的最终产品或服务在市场上的销售情况确定的。基础设施建设、房地产开发、工厂建设等工程，反映了实现工程价值的真实时间，常常比竣工期更重要。例如，南京地铁一号线工程预定建设期为5年，运行初期（市场发展期）为8年，达到设计运行能力的时间（市场高峰期）为15年，而设计使用年限为100年。

4）工程相关者满意

工程相关者满意体现了工程的社会责任。要使工程相关者满意，必须在工程中照顾到各方面的利益。

工程总目标应包容各个相关者的目标和期望，体现各方面利益的平衡。这样有助于确保工程的整体利益，有利于团结协作，营造平等、信任、合作的气氛，达到"多赢"的结果。这样就更容易取得工程成功。

5）与环境协调

工程与环境的协调是重要的目标之一。从工程管理的角度，环境是多方面的，不仅包括自然和生态环境,还包括工程的政治环境、经济环境、市场环境、法律环境、社会文化和风俗习惯、上层组织等。工程与环境协调涉及工程全寿命期,包括工程的建设过程、运行过程、最终拆除,以及土地生态复原。由于工程全寿命期很长,环境又是变化的,必须动态地看待工程系统与环境的关系,要注重工程与环境的交互作用。

工程与环境协调目标的主要内容如下,这些是工程本身要达到的环境协调指标。

(1)工程与生态环境的协调。这涉及:①在建设、运行(产品的生产或服务过程)、产品的使用、工程报废过程中不产生,或尽量少产生环境污染;②工程的建设和运行过程是健康和安全的;③减少施工过程污染,在建设和运行过程中使用环保的材料等;④工程方案要尽量节约能源、水和不可再生的矿物资源等,尽可能保证资源的可持续利用和循环使用。

(2)工程与上层系统协调。如在能源供应、原材料供应、产品销售等方面与当地的环境能力相匹配。

(3)避免工程的负面社会影响,避免社会动荡,避免破坏当地的社会文化、风俗习惯、宗教信仰和风气等。

6)具有可持续发展的能力

对整个社会,工程的可持续发展是最重要的。工程的可持续发展与城市、地区可持续发展的特征不同,有新的内涵。它不仅要求人们关注工程建设的现状,又要向历史负责,注重工程未来发展的活力,体现人与自然的协调,符合科学发展观,对地区和城市发展有持续贡献的能力。

1.2.2 工程技术系统

工程技术系统(如大桥、软件等交付物)具有一定独特性,是依据特定的上层系统条件而构想、设计和交付的。工程技术系统可能是有形的,如产品(应用程序、建筑物),也可能是无形的,如服务(咨询服务、会议或培训计划)等。工程技术系统(交付物)主要是从功能和专业角度进行分解、定义和集成,如图1-6所示。

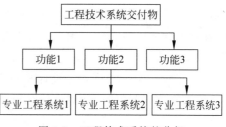

图1-6 工程技术系统的分解

1. 功能需求的实现

工程技术系统具有特定的使用功能。工程是由许多分部组合起来的综合体。这些分部有特定的功能,在总系统中综合形成使用功能,如提供特定产品(或中间产品)或服务。

实践中,常用"V形"来描述功能需求和工程技术系统的关联。"V形"的左边是一个自上而下、从需求开始将系统逐层分解为分系统、单机、零部件、原材料的过程。"V形"的右边是把最低层次的零部件自下而上逐级进行组装、集成、验证,形成系统,交付用户,满足使用者需求的过程。

在航天工程中,"V形"不仅体现在自上而下的层级关系,而且存在于横向关联上。产品结构/技术结构呈现"树干—枝干—枝条—分枝"的复杂结构,由于分系统间的相关性,以及分解到产品后产品间的相关性,在树状基础上呈现网状特征[9]。

2. 专业工程系统

每个功能是由许多具有专业属性的系统构成的。如:航天工程涉及力、热、电磁、机械、流体、控制等多个学科和专业；建筑工程有建筑、结构、给排水、强弱电、智能系统等多个专业。

专业工程系统涉及对整个系统的集成。专业工程系统贯穿所有功能，并且由具体的专业人员承担。

1.2.3　全寿命期工程管理活动

1. 全寿命期工程管理活动的联系

工程管理过程需要将活动拆分成若干部分和阶段，再将其协调整合起来以实现目标。工程全寿命期的工作活动（策划、设计、建造、运维）之间存在一定的逻辑关系，这些逻辑关系影响组织间或部门间合作关系的设计，影响参与主体的行为、工程的实施以及目标的实现。

（1）策划与设计的关系：策划是指定义价值、效益、产出、功能要求等产出性指标，以及成本、时间等投入性指标，通过选定特定的方案来实现最佳的投入产出；设计是指在设定的投入、产出指标要求之下，实现工程的具象化，形成技术方案和工程图纸。

（2）策划与建造的关系：策划方案要在技术上可行，要能通过建造得以实现，并且要充分考虑建造带来的成本、环境等方面的影响。

（3）策划与运行的关系：策划针对构想的工程对象以及实现过程，运行针对工程技术系统实体对象；通过运行实现策划预期的价值、效益、产出和功能要求。策划和运行的对应性较高，因此在项目后评估阶段需要重点评估工程运行是否实现预期的投入、产出要求。

（4）设计与建造的关系：两者存在顺次依赖关系，即设计在先，建造在后，建造是按图建造，充分反映设计的意图和想法；但同时建造的能力、实施方案等也制约设计方案的选择，并且不同实施单位的技术专长存在差异，对设计的实现程度以及实现过程的成本等有所差异。

（5）设计与运行的关系：设计相对于策划工作更注重技术方案，体现了功能实现所达成的效果问题，如好的设计更注重对用户使用的考量，这有助于提高产出，实现更佳的效益和价值。

（6）建造与运行的关系：运行是对工程技术系统实体对象的使用，维修保养工作也是针对实体对象。建造所交付的工程实体的质量是运维的输入条件，建造质量高意味着更低的维护成本、更少的间断运营等。

工程的全寿命期过程可以从生产活动和管理活动两个维度进行分析（如表1-1所示），并横贯策划、实施和运行维护三个主要阶段。

表 1-1　生产活动与管理活动

类　　别	定　　义	内　　容
生产活动	项目的实施过程，类似于工艺流程	项目建议书、可行性研究、设计、建造、运行维护、拆除
管理活动	职能管理活动，目标导向	质量、成本、进度、安全环境、利益相关者等

（1）工程的生产活动是指针对工程技术对象的生产、使用、控制的工艺和流程，如大桥的施工工艺、先设计再施工的流程、混凝土的养护等。这些活动是由工程技术系统（交付物）

的物理结构特性所决定的,有严密的工艺顺序和逻辑关系。可以从技术和工艺方面进行优化,受管理模式、组织文化、地域环境等因素影响小。

(2)管理活动,如建立团队、质量、进度、成本管控等。管理活动服务于交付物的形成过程,可以从管理模式和流程等方面对其进行优化,选择不同的模式时,管理效率和效果有差异。

工程管理活动受到工程价值体系的指引和统领。在不同的价值体系下,工程管理活动的内涵差异较大,如:价值体系强调减排、社会责任等,管理的决策目标、决策规则等需考虑减排和社会责任;当投资目标是实现全寿命期费用最低时,就给职能管理赋予了新的内涵,对管理活动、管理流程等带来差异化的要求。

2. 工程管理活动的集成

虽然工程强调整体性和功能性,但实施过程通常分阶段、分主体来完成,因此需要分析不同阶段、不同主体、不同管理职能之间的联系,采用全寿命期最优化的思想,在整体系统基础上以最小的代价实现最佳的功能。集成是实现系统整体性的重要途径。

1)集成的原则

(1)跨职能集成。对各职能(如进度、成本、质量、安全等)进行集成化管理,寻求各个职能管理之间的平衡,并进行综合计划和综合控制。

按组织层面划分,可分为项目经理层、职能管理部门层(如质量、进度、成本、采购等)、作业层等,各层面关注的重点存在差异。不同层面的工程管理任务存在逻辑联系,过程中也要进行综合分析、计划和控制。

(2)跨阶段集成。横贯策划、实施和运维工作,如强调全寿命期成本、全过程质量。综合考虑全寿命期最优化,而非阶段性最优。

项目层面的任务按阶段划分,可以分为策划阶段、实施阶段、运营维护阶段。不同阶段的工程管理任务存在差异,实施主体可能不同,但又存在时间维度、组织责任维度的关联性,因此,需要进行统筹设计。

(3)跨主体集成。不同主体受统一的工程总目标约束,责任界面统一连续。多主体集成可能是某个阶段的多主体(如建造阶段的业主、咨询、承包商等),也可能是针对跨阶段的多主体(如设计单位、施工单位、运营单位)等。

2)集成的要求

(1)工程技术系统的集成。工程技术系统的协调和统一有助于实现工程的整体功能要求,主要体现在:①技术系统的整体功能性,即工程技术系统能实现其整体功能要求;②系统内部子系统的协同,即技术系统内部不同的专业或子系统能集成,如房屋建筑中建筑、结构、水电暖通等不同专业的集成;③技术系统在过程实现中的统一,即技术系统在策划、实施和运营维护工作中技术系统能形成统一。如采用全寿命期设计,在设计阶段充分体现建造与运行的要求。

(2)流程的集成。将策划、设计、建造、运行维护的全过程作为整体统一管理,形成具有连续性、集成化的管理系统。流程集成的目的是形成连续、统一的界面。

(3)组织的集成。组织的集成主要涉及组织界面的集成,形成一体化的界面体系,前后一致,避免出现责任盲区、责任错位等。

(4)数据的集成。数据的集成能完整挖掘出各阶段、各管理职能、各主体之间信息的内在联系,实现最优化决策、计划、实施和监督。

1.2.4 工程组织

工程组织可划分为运营方(投资方)组织和交付方组织,两者的比较见表 1-2。实践中,两者都存在很多变异的组织结构。为了完成一个工程,承担临时性的活动组织,称为项目组织。

表 1-2 运营方(投资方)组织与交付方组织

特 征	运营方(投资方)	交付方
价值诉求	用户在运营阶段,购买运营方的服务或产品	委托方提出定制化要求,通过项目交付获得价值
核心业务	运营资产	获取与交付项目
企业层面	发起和采购某个项目来提供给用户某种服务和产品	交付给委托方项目以实现战略和运营目标
阶段	前期策划、项目实施、运行维护	营销、项目交付、售后
项目团队层面	主要针对项目实施阶段	主要针对项目交付阶段,与营销与售后存在搭接
项目治理目的	保持项目团队和企业利益一致	满足委托方的要求,保持项目团队和企业的目标一致
例子	电力公司、医院、通信运营商等	设计院、施工企业、供应商等

1. 运营方组织

运营方提出项目需求,但其最终目的不是实施项目,而是为了项目完成后所交付的资产的运行,其核心业务是"运营资产",如学校、医院新建或改造项目是为了获得更好的资产以提供服务。运营方的价值链如图 1-5 所示。

1) 运营方视角的工程全寿命期过程

运营方企业层面关注全寿命期资产管理(前期策划、项目实施和运行维护三个阶段),及对合作伙伴的选择、监督等。

(1) 前期策划。运营方根据企业运营和战略需求提出项目需求。如房地产开发商能通过销售商品房获利,大桥建设单位通过建设和运营大桥改善交通情况等。前期策划是指项目构思、可行性研究等工作。相比较项目实施关注操作层以交付为导向,前期策划更为关注战略性问题,关心价值和效果等,强调以运营为导向。

对于工程的上层系统中与资产相关的因素,运营方在前期策划中需要考虑以下几点。①与企业外部资产的集成。如:修建地铁站要与路面交通相互联系;景观要与交通设施相互联系。只有充分考虑相互连接,才能实现资产效益最大化。②企业内项目组合,形成最佳的资产组合,实现资产的整体最优。③企业内项目群涉及某一产品线下连续的项目群,以实现最优的资源配置。

(2) 项目实施。项目实施阶段主要包括设计、建造和试运行等活动。项目实施不是运营方的核心业务。项目实施阶段的项目管理主要关注项目是否满足进度、成本和质量的目标,以及管理过程的质量和利益相关者需求等。

(3) 运行。运行是运营方关注的重点,如医院提供医疗服务,大桥提供交通服务。在运行维护阶段,运营方主要关注满足用户需求。如地铁公司运行阶段提供公共交通运输服务,学校运行阶段提供教学服务,医院运行阶段提供医疗服务等。

2）工程全寿命期集成

运营方关注项目前期策划、项目实施和运行维护阶段的全寿命期集成。前期策划阶段定义价值诉求、策划实施方案和决策；项目实施阶段根据前期策划将投入的资源转化成交付物；运行维护阶段则是价值实现和获取的阶段。运营方对全寿命期各阶段工作进行集成,如采用全寿命期成本管理、全寿命期设计、全寿命期质量管理,这些都需要更高的价值视野,立足于全寿命期资产管理。

2. 交付方组织

交付方组织通常是项目型企业,以项目为载体进行运作,典型的如设计院、施工企业、软件供应商等。这类企业的核心竞争力主要是获得与交付项目,其核心业务是"做项目"。

1）交付方项目全寿命期

交付方组织需要对营销、项目交付和售后三阶段进行综合集成。

（1）营销。通过线索管理、机会管理、投标等活动获取项目,签订合同。

（2）项目交付。依据合同交付项目,项目交付阶段由项目经理和项目团队承担,在既定目标下,完成项目交付工作。

（3）售后。项目交付和关闭后,承担维保等售后工作。

在营销、项目交付和售后三阶段工作中,通常由经营团队负责营销环节,由维保团队负责售后环节。在项目交付阶段,项目组织是项目的具体承担机构,由交付方委派,负责具体的项目日常工作。如施工项目部是工程承包公司组建的,属于承包公司的一个组织单元。常采用矩阵式、独立项目部等形式组建项目部。

2）交付方项目治理

对于交付企业,除了进行项目全寿命期管理,还关注企业层面的项目治理。企业进行项目治理是为了保持项目的执行和企业发展目标一致的机制。项目治理工作主要分布在职能部门和企业高层中。

企业对项目的治理机制包括:

（1）目标责任。落实企业价值要求,体现在项目经营目标上。

（2）评审、授权与决策。支撑责任目标的授权。权力范围包括人、财、物；权力类型包括建议、审批、批准等。决策和授权的统一,形成决策治理机制。决策是在授权范围内进行决策,授权的范围意味着决策的范围。针对项目层面的权力,在企业层面设置相应的监督,实现权力、义务和责任的平衡。

（3）资源。支撑项目运作的资源需求,包括人、资金、物等。

（4）监督。监督包括监督权力的行使、责任目标的实现；监督项目的执行；对项目管理成熟度进行评价等。特别需要加强权力行使和工作过程的监督,对过程和最终结果进行检查和监督。

（5）赋能。为更好地实现责任目标,有效地在事前、事中、事后提供专家和技术支持等。

（6）储备资源。储备资源有利于提高承担类似项目的能力,如知识管理、技术储备、数据库建立等。

（7）问题升级机制。明确各层级授权解决问题的范围和可容忍的风险范围,实施分层管理。项目团队成员的问题可以上升到项目经理层来解决；项目经理层问题可以升级到企业层面，由企业高层或职能部门进行协调、解决。

3. 跨企业组织

跨企业组织是指两个或多个企业针对项目执行而建立的临时性合作组织，如运营方和交付企业之间、交付企业组成的联合体、交付企业与分包等。该临时性组织的运作规则与企业内部的临时性组织存在差异，跨企业项目团队主要通过合同连接，合同约定了双方责任、交付物、交付过程管理等，而企业内部的临时性组织主要通过授权和监督等方式进行管理。

1）跨组织合作的必要性

（1）现代工程越来越复杂，需要大量企业共同合作，企业的专业分工形成规模经济。

（2）工程全寿命期涉及不同类型的工作和活动，需要专业分工予以解决和运行。

（3）企业运作效率和效果的诉求。企业内部依靠科层式组织易于采用权力控制，易于分享知识和复杂性的协调；但也具有缺点，如员工的比较成本。通过跨组织合作，引入市场机制，可带来的优势包括价格和竞争等强激励、信息聚集的效率、配对和分类的效率，如问题与解决方案的配对。但实际操作过程中，跨组织也面临障碍，典型的问题有搜寻与选择外部伙伴、交易中价格等因素的谈判、合同起草、合同的监督与执行。因此在企业内部管理和企业合作两种组织模式之间，可将科层式机制植入市场中，如战略合作、联盟组织等[11]。

2）运营方的跨企业组织

（1）投资人、建设单位与运营单位间的跨组织。典型的如非经营性政府投资工程推行代建制，强调"投资、建设、管理、使用"彼此分离，进而形成了工程全寿命期的跨组织合作。运营方在某个阶段形成跨组织合作，如地产开发项目可以采用：①独立建设模式，即建设单位承担开发建设；②建设单位＋项目管理模式，即建设单位投资，专业的项目管理公司提供全过程咨询，在设计、施工、营销等方面提出建议，优化方案；③合作模式，即建设单位与其他有优势的企业合作开发。后两种方案形成了建设阶段的跨组织合作。

为保证投资效益，推行运营方投资项目全过程责任制是可选方案之一，即运营方承担前期决策、建设和工程运行的责任。将投资人、建设单位（业主）和运营企业三个角色合一，能够保证在工程全寿命期中业主组织责任的稳定性和连续性，最大限度地促使运营方承担工程全寿命期责任。

（2）运营方与交付方的跨企业组织。运营方将其部分工作委托给交付企业承担。如在前期委托可行性研究项目、设计阶段委托设计项目、施工阶段委托施工项目、运行维护阶段委托大修项目等。在工程全寿命期过程，运营方常常通过项目的形式将工作内容委托给外部企业，形成运营方与交付方的跨企业组织，如图1-3所示。

3）交付方的跨企业组织

交付方组织参与运营方（投资方）组织的某些阶段，也可以形成以交付方为主的跨企业组织，典型的如：

（1）合同关系的跨组织合作，如交付方形成的联合体，或是总包与分包。

（2）非合同关系的跨组织合作，如前期的咨询单位与后期的大修、维护单位等。虽然两者之间不存在合同关系，但其工作内容存在相互依赖关系。

4）跨组织合作的原则

（1）一切以实现工程目标为准则。构建工程总目标，并保持目标的一致性，不同主体应服从统一目标。

（2）组织运作的集成。对工程全寿命期进行集成化管理。将可行性研究、规划、设计和招标投标、施工、运行维护和拆除的全过程作为整体来统一管理，从而形成具有连续性、集成化的管理系统。责任体系一体化，实行一体化决策、一体化组织、一体化控制。业务向前和向后延伸，前置工作考虑后续需求。如：设计、建造、运营等阶段工作介入项目前期策划阶段；设计需要考虑可施工、可运维。实现信息共享，建立高效的信息交流机制，降低不同业务和不同阶段的信息孤岛和信息不对称的影响。

典型的实践包括：

① 采用工程总承包，让一个或较少的单位对整个工程建设承担责任，使工程的设计、施工、供应一体化。

② 让有能力的工程总承包商或设计单位承担或参与工程的前期策划咨询工作。承包商通过参与前期策划，能够最大限度地了解环境、业主要求，如可以让其提前根据业主总目标，对工程建设开展整体规划，对施工和运行过程作预先的考虑，这样有利于建设活动在时间、空间和资源方面的组织，保证工程获得满意、可靠的经济效益和环境效益。通过提前介入工程，承包商有充足的时间来完成更高质量的施工计划。承包商通过早期参与到工程中，可以尽可能详细地收集经验和教训，形成良性循环，可为工程提供更大的价值。

③ 让工程总承包商（或供应单位）负责工程的运行维护管理，延续承包商的合同责任，使工程责任体系更完备。这会使承包商明白，施工过程的缺陷将来都要由自己负责，这样承包商对工程的责任感更强，会有更大的积极性和创造性，落实工程总目标。此外，承包商通过承担运行维护工作会对设计有更好、更深入的理解，能够提升承包商全寿命期管理能力。

（3）全寿命期视角。工程任何一个阶段的工作都要立足于工程的全寿命期。不仅要注重建设实施，更要注重工程的运行维护。以工程全寿命期的整体最优作为总体目标。

（4）权责利平衡原则。

4．其他利益相关者

1）用户

用户是直接购买或使用工程最终产品的人或单位。工程的最终产品通常是指在投入运行后所提供的产品或服务。例如：房地产开发项目的产品使用者是房屋购买者或用户；城市地铁建设工程最终产品的使用者是地铁的乘客。用户可能是工程的投资者，例如，某企业投资新建一栋办公大楼，则该企业是投资者，该企业内使用该办公大楼的员工是用户。

用户决定工程产品的市场需求，决定工程存在的价值。如果工程产品不能被用户接受，或用户不满意、不购买，则工程产品没有达到它的目的，失去了它的价值。

2）工程所在地政府以及为工程提供服务的政府部门

政府在工程中的角色具有多重性：

（1）政府通过颁布相关法律、制定相关制度等手段，实现对工程活动的监督和管理（如对招标、投标过程和对工程质量的监督），并保护各方面利益，用法律保证工程的顺利实施。

（2）作为城市建设的规划者、组织者、审批者，如立项审批、城市规划审批、进行工程所需要的各种许可。

3）工程所在地周边组织

除工程的参与主体与用户外，工程的实施和运营过程还将影响工程所需土地上的原居民、工程所在地周边的社区组织和居民等。如被拆迁的人员，要搬迁到另外的地方生活，他们也是工程的利益相关者。

4) 其他

由于工程涉及自然环境、社会公众利益,新闻媒体、非政府组织(如环保组织)、非营利组织等也是利益相关者。

1.3　工程教育和工程师

1.3.1　工程教育的内涵

工程教育主要是针对工程专业的教育,以培养工程师、工程专业人员为目标。目前,国内外普遍采用工程教育认证的方式对工程教育提出规范化要求。工程教育认证是国际通行的工程教育质量保证制度,也是实现工程教育国际互认和工程师资格国际互认的重要基础。

我国的工程教育认证工作始于 2006 年。2016 年,我国加入《华盛顿协议》,成为正式成员。《华盛顿协议》是工程教育本科专业学位互认协议,其宗旨是通过多边认可工程教育资格,促进工程学位互认和工程技术人员的国际流动。其中要求各正式成员所采用的工程专业认证标准、政策和程序基本等效。2022 年,中国工程教育专业认证协会发布了团体标准《工程教育认证标准》(T/CEEAA 001—2022),该标准适用于普通高等学校全日制普通四年制本科专业工程教育认证。该标准包括通用标准和专业补充标准两大主要内容。通用标准对学生、培养目标、毕业要求、持续改进、课程体系、师资队伍和支持条件做出了规定。专业补充标准对不同行业领域的专业,如机械类、计算机类、土木类等,做出了具体规定。

1. 价值观的培养

工程教育需要价值体系的引领和价值观的培养。工程教育专业认证强调了工程价值观的培养,如:

(1) 职业规范。具有人文社会科学素养、社会责任感,能够在工程实践中理解并遵守工程职业道德和规范,履行责任。

(2) 工程与社会。能够依据工程相关背景知识进行合理分析,评价专业工程实践和复杂工程问题解决方案对社会、健康、安全、法律以及文化的影响,并理解应承担的责任,适应当地的文化等。

(3) 环境和可持续发展。能够理解和评价针对复杂工程问题的工程实践对环境、社会可持续发展的影响。越来越关注工程与环境的可持续发展,关注碳排放、对环境污染的减少等。

(4) 代际公平的问题。在当代是否利用了后代的资源。

美国工程院院士 Mote[5] 提到"半个世纪前,我是工程系的一名学生,当时许多学生被工程学吸引,原因是这样他们就不必与'人和社会'(人的组织)打交道。工程教育中,人文和社会科学部分明显处于次要地位,甚至与技术部分脱节。这一现实已经造成了众所周知的负面影响。首先,工程教育使工程学学生与工程用户脱节,以及工程用户与工程脱节。由于没有认识到工程的确切责任是服务用户、人民和社会,所以工程教育是不完整的,更糟糕的是工程教育甚至具有误导性。其次,要纠正《21 世纪工程重大挑战》愿景中对工程认识的不足,必须在工程愿景陈述中将用户部分作为工程的目标突出显示。"

《21世纪工程重大挑战》中提出了为14个目标创建解决方案（如提供清洁用水、修复与改进城市设施等），这14个方面与满足4个愿景（可持续性、安全性、健康和生活质量）相互联系。

工程管理是技术、经济、管理综合程度很高的领域，对职业道德要求很高。必须加强对学生工程价值观和工程伦理教育，增强学生的工程历史责任感和社会责任感，使学生掌握现代工程理念，树立科学和理性的工程观。现代科学技术赋予人类强大的工程能力，使人类长期所具有的征服自然、改造自然的梦想似乎能够实现，但也可能助长了人们对自然世界索取和支配的欲望，如果工程价值体系和人们的工程观出现偏差，就会导致对自然和社会的巨大破坏。

现代社会提出的科学发展观、可持续发展、循环经济、以人为本等理念都应该具体落实在工程上，作为工程管理基本指导思想和准则，应该体现在工程管理实践中。

2. 工程知识的学习

工程知识是工程教育学习的对象，工程师需要具有良好的知识结构。《华盛顿协议》中关于工程知识的要素包括：

（1）对适用于本学科的自然科学有系统的、基于理论的理解，并对相关的社会科学有所认识。

（2）基于概念的数学、数值分析、数据分析、统计以及计算机和信息科学的知识，以支持适用于本学科的分析和建模。

（3）对工程学科所要求的工程基础知识的系统化、基于理论的表述。

（4）为工程学科公认的实践领域提供理论框架和知识体系的工程专业知识；许多是学科的前沿知识。

（5）可支持某实践领域的工程设计和运行的知识，包括有效资源利用、环境影响、全寿命周期成本、资源再利用、净零碳和类似概念等方面的知识。

（6）工程学科实践领域的工程实践（技术）知识。

（7）了解工程在社会中的作用以及本学科工程实践已确认问题的相关知识，如工程师对公共安全和可持续发展的职业责任的相关知识。

（8）了解本学科当前研究文献中的选定知识，评估新问题时意识到批判性思维和创造性方法的重要性。

（9）伦理、包容性行为和操守。职业伦理、责任和工程实践规范相关知识；意识到由于种族、性别、年龄、体能等因素产生的多样性需求，需要相互理解和尊重以及包容性态度。

对工程知识的学习目标可以通过布鲁姆教育目标分类学模型来刻画。布鲁姆教育目标分类法中教育目标可按认知领域、情感领域和动作技能领域三大领域进行分类。其中认知领域主要针对知识的学习，教育目标分为六个层级（如图1-7所示）。

（1）记忆。认识并记忆，记忆基本概念。

（2）理解。解释概念和想法。

（3）应用。对所学习的概念、法则、原理的运用。

（4）分析。在想法中寻找规律、分类、诊断。

（5）评估。辩护一个观点或者决策、批判、解释。

（6）创造。产生新的或原创性工作。

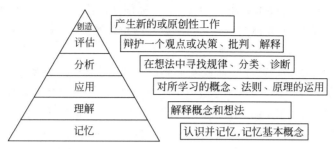

图 1-7　认知领域布鲁姆教育目标

对于课程知识学习，需要明确学习目标，通过作业、考试等方式考核是否达到学习目标，形成课程学习的闭环。

3. 能力的培养

能力是指人们面对内外部环境，通过识别目标、机会、问题等，匹配性设计和调用方法、机制、技能等，以实现预期目标。相比较知识，能力更强调对实际问题的解决以及达到一定的目标。其中有三个关键要素：

（1）识别目标、机会、问题等。

（2）组合方法、机制、技能等以匹配问题、目标等。

（3）实现投入和产出之间的效率和效果。

以医学为例：首先，学生应具备知识（医学知识）；其次，根据目标来调用知识（诊断、开药）；最后，实现目标（治愈）。因此，具备知识并不意味着具有相应的能力。学习过程中，一方面是学习知识，另一方面是学习如何针对现实问题调用知识，以实现目标。针对教学，也需要传授如何利用知识来识别目标、机会和问题，匹配性调用知识，以实现目标。

彼得·德鲁克在《管理的实践》中提到，"最终检验管理的是企业的绩效。唯一能证明这一点的是成就而不是知识。换言之，管理是一种实践而不是一种科学或一种专业，虽然它包含了这两方面的因素。如果试图向管理者'颁发许可证'，或者把管理工作'专业化'，没有特定学位的人不得从事管理工作，那将会对我们的经济乃至我们的社会造成极大的破坏。"

复杂工程问题的解决能力是我国高校认证工程专业毕业生必须具备的核心能力，如：

（1）工程知识。能够用数学、自然科学、工程基础和专业知识解决复杂工程问题。

（2）问题分析。能够应用数学、自然科学和工程科学的基本原理来识别、表达并通过文献研究分析复杂工程问题，以获得有效结论。

（3）设计/开发解决方案。能够设计针对复杂工程问题的解决方案，设计满足特定需求的系统、单元或工艺流程，并能够在设计环节中体现创新意识，考虑社会、健康、安全、法律、文化以及环境等因素。

（4）研究。能够基于科学原理并采用科学方法对复杂工程问题进行研究，包括设计实验、分析与解释数据以及通过信息综合得到合理有效的结论。

（5）使用现代工具。能够针对复杂工程问题，开发、选择与使用恰当的技术、资源、现代工程工具和信息技术工具，包括对复杂工程问题的预测与模拟，并能够理解其局限性。

此外，在分析问题和设计/开发解决方案时需要具有团队合作、沟通、项目管理的能力等。具体包括：

（1）个人和团队。能够在多学科背景下的团队中承担团队成员以及负责人的角色。

（2）沟通。能够就复杂工程问题与业界同行及社会公众进行有效的沟通和交流，包括撰写报告和设计文稿、陈述发言、清晰表达或回应指令等，并具备一定的国际视野，能够在跨文化背景下进行沟通和交流。

（3）项目管理。理解并掌握工程管理原理与经济决策方法，并能在多学科环境中应用。

（4）终身学习。具有自主学习和终身学习的意识，有不断学习和适应发展的能力。

2016年，世界经济论坛发布的一篇《工作的未来》的报告中提到，解决复杂问题的能力是所有能力之首，其次是批判性思维、创造力、人的管理、与他人合作等。

1.3.2　工程科学

Simon[7]将科学分为自然科学和设计科学两类。其中，自然科学主要研究原本是什么样，关注发现和验证规律性、解释性机理，进行描述、解释和预测，如自然科学和大部分的社会科学；设计科学关注应该是什么样，注重为实现某一目标而构建和评估干预措施的过程，侧重人为改造世界。设计科学和自然科学的比较如表1-3所示。Simon[7]认为"设计，如其所指，是所有专业训练的核心。它是将职业区别于科学的主要标志。工程学院、设计学院、商学院、教育学院、法学院、药学院都将设计的过程放置在极为中心的位置。"

表 1-3　设计科学和自然科学的比较

维　度	分析对象	数　据	成　果
设计科学	进行创造	创造、收集和分析	解决一个问题
自然科学	已经存在	收集和分析	解释性的理论、预测等

工程科学属于设计科学。工程科学具有以下特征：

（1）以解决问题和设计人造物为核心活动。相比较于自然科学以发现和验证解释性、预测性机理为目的，工程科学注重为实现某一目标而设计和实施解决方案的过程。设计是工程科学中不可或缺的一环，因此需要一套系统、科学的方法来指导如何进行设计，即本书所关注的设计研究方法。

（2）工程需要创造或改进人造物。与解释性科学（如自然科学）有所区分，工程需要创造或改进人造物。这部分数据可能是当前不存在的，需要通过试验、模拟、应用等方式来获得，进而验证人造物实现目的的程度。

（3）工程实践依赖理论知识，同时通过工程实践发展理论。人造物的设计依赖解释性理论。同时，工程实践后，再进行科学认知，以支撑解释性理论的发展。

工程管理设计研究的必要性体现在以下几个方面。

（1）管理实践过程需要设计。管理实践通过改进当前状态以实现某一目标，体现了目标导向，并通过设计解决方案实现预定目标。工程管理涉及工程技术系统的策划、实施和运行全过程的管理活动。为了实现某特定目标，工程管理需要进行事先设计，再实施。如Mintzberg提出管理实践的三个特征：①艺术性，基于创造性的思维和想象进行系统综合，管理实践强调艺术性，并不是完全的可视和显性，需要融入直觉和判断等；②工艺性，注重实践经验，强调迭代性的决策与动态学习；③科学性，强调分析性，寻求客观规律及机理。管理实践中存在艺术性和工艺性的活动，需要创造性、设计性思维。

（2）由工程管理实践的复杂性所决定的。首先，工程管理实践是面向未来且新颖的活动。解释性理论依赖已有知识以及现存数据来进行分析，难以适应面向未来的、新颖性的管理活动。其次，管理环境复杂多变。理论的假设之一是，现实情况是可分析和定义的，但现实的管理环境往往非常混乱，缺乏充分定义。最后，管理活动设计需要系统集成思维。管理者需关注全局性、系统层面问题。

（3）由管理者的职责所决定的。管理者的职责是设计一个未来发展目标和策略来为组织创造价值。国际大科学计划、雄安新区的整体设计等都是由某个组织承载，由管理者提出和设计总体方向。

（4）管理教育的需要。虽然过去的经验具有较好的指导性和启发性，但实践中难以完全重复过去的经验，因此管理教育需要能够指导学生如何利用过去的知识来解决将来的问题。通过设计科学研究的训练，可加深学生对解决复杂问题的基本思路和内在逻辑的理解。

同时，学术期刊也越来越重视设计科学研究。如在 *Journal of Operations Management* 杂志成立了一个设计科学部门[10]，后来该部门改名为基于干预的研究（intervention-based research）部门。信息管理领域出版了众多的专刊来进行介绍，研究者在管理和组织科学中也做了强调。

1.3.3　工程师的角色

1. 工程师与科学家

工程师是接受技术和科学训练，并采用技术和科学知识来解决实践问题的人[1]。工程师和科学家的角色有所不同，科学家侧重发现客观规律，工程师侧重创造人造物来实现价值。科学家可以选择自己感兴趣的问题进行研究，工程师必须解决现存问题，实现工程价值。

早期的工程主要是军事领域的工程，如云梯、浮桥、碉堡等，因此工程师是指该类设施的设计和建造者，主要是指制造和操作军事机械的人。1755 年英国《英语词典》定义工程师是指挥炮兵或军队的人；1779 年《大不列颠百科全书》定义工程师是一个在军事艺术上，运用数学知识在纸上或地上描绘各种各样事实以及进攻与防守工作的专家；1828 年《美国英语词典》定义工程师是有数学和机械技能的人，他们形成进攻或防御的共识计划并划出防御阵地。18 世纪晚期，工程师和军人关联弱化，出现了民用工程师（civil engineer），后来民用工程师主要针对土木工程师[3]。

1905 年，修建京张铁路工程时，詹天佑被任命为"总工程司"，"工程司"是"工程"的"职司"，既负有技术责任，也有管理的职责。修筑之初，詹天佑牵头制订了各级工程师和工程学员的工资标准、考核制度，培养了一批工程技术人员，逐步形成了中国初期的工程师群体。1912 年，詹天佑在广州创立中华工程学会。后与中华工学会、路工同人共济会合并，定名为"中华工程师会"，设事务所于汉口，詹天佑任会长。

改革开放后，1982 年的鲁布革工程引水系统工程实施国际招标，采用 FIDIC 合同，并建立了"工程师"机构，从此，工程师的称呼开始在建设工程中使用。

现代工程管理充满了复杂问题，需要设计解决方案，因此需要加强工程管理设计训练和能力的培养。美国工程技术认证协会认证的工程专业学生在毕业时需要具备的能力包括：

①利用数学、科学和工程知识；②设计和实施试验，以及进行分析和解读数据；③设计系统、系统要素或流程来满足预期需求；④在专业团队中发挥作用；⑤确认、分析和解决工程问题；⑥理解职业和道德责任；⑦有效沟通；⑧接受更广泛的教育来理解工程方案在全球和社会情境下的影响；⑨认知到有需要并且也有能力来参与终身学习；⑩具有针对当前问题的知识；⑪利用工具、技能、现代工程工具来实施工程实践。

我国《工程教育专业认证标准》与国际工程教育标准(如《华盛顿协议》)都明确提出毕业生的核心能力包括解决问题和进行方案设计。如问题分析、设计/开发解决方案、设计满足特定需求的系统和单元(部件)或工艺流程、使用现代工具等多方面。工程管理者和工程师的职责是设计目标、计划和实施解决方案，通过工程为组织和社会创造价值。

2．工程师的职业标准

工程师的职业标准通常由国家和行业协会来制定和维持。工程师要承担对公众的责任，并且这种责任要高于对雇主的责任。美国工程师专业发展委员会所制定的《伦理准则》中的第一条规定，工程师应"在工程领域下，以其具有的工程专业知识与技能促进人类福利，把公众的安全、健康和福利置至高无上的地位"。因此，工程师须在本职工作中恪守职业操守，以忠诚的伦理道德信念严格遵守工程规范、技术标准与操作规程；同时，要杜绝使用不合格的材料，杜绝采用非规范的工序，严守工程质量控制，将安全、优质的工程产品提供给客户、公众与社会。此外，工程师还应承担生态伦理责任，减小工程对环境的不利影响。

欧阳莹之在其《工程学：无尽的前沿》一书中引用了一位土木工程师的陈述："工程师必须同时是一位哲学家、人文主义者和精明务实、身手不凡的匠人。他必须是一位知道应该信仰什么的哲学家，足以知道应该追求什么的人文主义者，以及足以知道应该制作什么的工匠。"

美国国家专业工程师学会(National Society of Professional Engineers，NSPE)提出工程师的行为规范包括：

(1) 将公众的安全、健康和福祉置于更为重要的位置。

(2) 提供仅在自己能力范围内的工作。

(3) 在发布公开声明时须遵循客观和真实的原则。

(4) 对雇主和委托方诚信工作。

(5) 避免欺骗性行为。

3．工程思维

工程思维具有以下典型特征：

(1) 价值导向。科学问题存在唯一答案，工程问题并没有唯一答案，更强调价值的实现。工程的价值体系是工程的起点，也是评价解决方案和参与者行为的准则，因此理性、科学的价值导向是工程思维的显著特征。

(2) 系统思维。工程强调系统整体性和功能性。工程作为一个整体发挥其功能，并存在于一个更大的系统当中。系统思维需要具有系统科学性，理解和运用系统运作的客观规律及机理，采用系统集成方法，关注全局性、系统层面问题，不宜采用简单的还原和分解的方式。

(3) 问题解决和设计思维。工程思维以解决问题和创造人造物为核心。工程问题解决遵循一般性规律,需要理论指导,但同时工程管理问题又是常新的问题,需要创新性地解决。工程管理设计是从理论到实践的"桥梁"。

与科学思维中要求解释有所差异,设计思维强调理解。设计者需要的设计能力包括:构思能力,如创造性;想象能力,如情景想象和情景呈现,创造性的思维和想象力,甚至需要一定艺术性;需要注重实践经验、动态学习、持续修正和迭代改进。

1.3.4　工程教育的挑战

1. 多样的价值体系

当前社会面临更加多样的价值体系,环境、社会责任、可持续发展等方面对工程管理提出了新要求。多样的价值体系对工程师的伦理要求更高,增加了工程管理的解决方案设计的复杂性,这些都是工程教育中的重大挑战。

2. 复杂的工程管理问题

由于 VUCA(volatility,易变性;uncertainty,不确定性;complexity,复杂性;ambiguity,模糊性)的现实环境,工程管理问题也变得越来越复杂,如何培养解决复杂问题的能力是未来工程管理教育面临的另一项重要挑战。现实问题总是呈现复杂的连锁反应,在一定的时间和空间范围内相互关联,而非通过一个研究割裂地分析和描述。复杂工程管理问题需要系统性解决方案,需要综合的系统分析、跨专业合作等。

3. 先进的工程管理技术

随着科技的发展,工程管理技术也越发先进,如算法和数据处理技术,以及信息网络技术等先进技术,具备驾驭和解决更多复杂问题的能力。但是如何辩证地思考和使用先进技术是未来工程管理教育面临的一个挑战,需形成终身学习的习惯,不断学习出现的新技术。

思考题

1. 工程师的价值观如何影响其问题解决?当工程的价值目标和工程师的价值观发生冲突时,有哪些可能的解决途径?

2. 简述工程科学与社会科学、自然科学研究过程的异同点,这些异同点给工程师的培养带来了哪些要求?

3. 复杂工程管理问题对团队协作、跨专业协作、沟通、领导力等软能力提出了哪些要求?

4. 工程师面对委托方实施欺骗行为时,该如何应对?

参考文献和引申阅读材料

1. 参考文献

[1] International Technology Education Association. Standards for Technological Literacy: Content for the Study of Technology[S]. 3rd ed. Reston VA,2007.

［2］ National Assessment Governing Board. Technology and Engineering Literacy Framework for the 2014 National Assessment of Educational Progress［R］. Washington,2013.

［3］ 吴启迪. 中国工程师史［M］. 上海：同济大学出版社,2017.

［4］ 成虎,宁延,等. 工程管理导论［M］. 北京：机械工业出版社,2018.

［5］ MOTE C D Jr. Engineering in the 21st century：The grand challenges and the grand challenges scholarsprogram［J］. Engineering,2020,6(7)：728-732.

［6］ 盛昭瀚. 重大工程管理基础理论——源于中国重大工程管理实践的理论思考［M］. 南京：南京大学出版社,2020.

［7］ SIMON H A. The Sciences of the Artificial［M］. Cambridge：MIT Press,1996.

［8］ 项目管理协会. 项目管理知识体系指南［M］. 7 版. 北京：电子工业出版社,2021.

［9］ 唐伟,刘思峰,王翔,等. VR 3 系统工程模式构建与实践——以载人空间站工程为例［J］. 管理世界,2020,36(10)：203-213.

［10］ CHANDRASEKARAN A,HALMAN J. Conducting and publishing design science research［J］. Journal of Operations Management,2016,47-48：1-8.

［11］ ZENGER T R,FELIN T,BIGELOW L. Theories of the firm-market boundary［J］. Academy of Management Annals,2011,5(1)：89-133.

2. 引申阅读材料

［1］ 成虎. 工程全寿命期管理［M］. 北京：中国建筑工业出版社,2011.

［2］ 成虎,李洁,杨高升,等. 工程管理设计原理与实务［M］. 北京：中国建筑工业出版社,2023.

［3］ MINTZBERG H. Managing［M］. San Francisco：Berrett-Koehler Publishers,2009.

第 2 章

工程管理设计研究体系

本章主要介绍工程管理设计研究的总体逻辑和步骤,研究过程的推理和属性特征,以及工程管理设计研究的基本要求。

学习目标

(1) 掌握工程管理设计的过程逻辑。

(2) 理解设计—实施—总结过程中理论的作用。

(3) 理解不同主体在工程管理设计过程中的能力要求。

(4) 理解工程管理设计研究的要求。

2.1 工程管理设计研究的总体逻辑

设计科学研究是一种研究范式,是指设计者通过设计人造物来解决问题,进而贡献知识[1]。在不同研究领域,设计科学研究的用词有所不同,如信息系统设计理论、设计科学研究方法论、设计导向的信息系统研究、解释性设计理论等[2]。

设计科学研究有三个特征:

(1) 实践问题导向。设计科学研究是为了解决实践问题,具有突出的实践问题导向。

(2) 设计解决方案。设计科学研究需要提出干预措施或解决方案,以解决实践问题。

(3) 理论贡献。理论贡献是对研究工作的基本要求,设计科学研究通过解决实践问题以提出理论贡献。

设计科学与应用科学相比,前者注重理论贡献,而后者重视应用。设计科学研究与咨询不同,咨询关注个案的改进,而设计科学研究产生可扩展的设计理论。工程管理设计研究通过解决工程管理领域的问题来贡献新知识,包括问题研究、解决方案设计、解决方案评估三个相互关联的阶段,涉及主体、对象和过程三个系统维度,如图 2-1 所示。

(1) 主体维度包括各阶段的参与主体,如设计者、决策者、使用者、实施者等。

(2) 对象维度是指工程管理设计过程涉及的对象,包括情境、问题、目标、设计假设、解决方案、评估方案等。

(3) 过程维度是指实践过程中的设计、实施和总结全过程活动。

主体、对象和过程三个维度相互关联,需要在问题解决和工程管理设计过程中进行综合考虑。

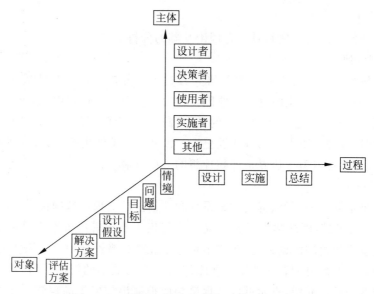

图 2-1　工程管理设计的对象、主体、过程维度

2.1.1　工程管理设计过程

工程管理设计是工程管理实践中设计、实施和总结三环之中的一环(如图 2-2 所示)。设计是对问题进行分析,获得解决方案的过程。同时设计是连接问题状态和预期状态的桥梁,也是为了实现从一个状态转化到另一个状态的构想和整体性规划。实施是针对解决方案付诸现实的过程。解决方案在实践中面临真实环境,会遇到不同的干扰,可能需要迭代调整。实施后,进行总结和提炼,形成新理论。工程管理实践的设计、实施和总结体现了"理论从实践中来,到实践中去"的逻辑。正如《实践论》一文中所提出:"实践、认识、再实践、再认识,这种形式,循环往复以至无穷,而实践和认识之每一个循环的内容,都比较地进到了高一层级的程度,这就是辩证唯物论的全部认识论,这就是辩证唯物论的知行统一观。"

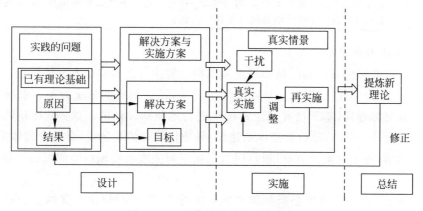

图 2-2　工程管理设计的总体逻辑

1. 设计过程

设计过程开始于问题呈现和对已有理论基础的分析。

1）实践问题研究

实践问题研究包括分析实践问题和研究其边界。分析实践问题是从症状角度进行诊断，系统地分析问题症状产生的背景和原因。在解决方案设计过程中，边界条件是用于判断能否直接使用已有理论和已有实践经验的重要因素。如果问题的边界条件与以往实践经验相似，则直接使用以往解决方案的可能性更大；如果边界条件相差较大，则适用性降低。在某些情况下，设计者可以引导边界条件朝理想的方向发展。

2）理论基础分析

理论基础可指导问题研究、解决方案设计和评估。广义理论基础包括以下几方面。

（1）学术研究基础，即从学术研究中提炼出能用于指导解决方案设计的理论。如项目组织的协调以基于角色的协调为主，实践中可基于此理论来设计项目组织协调的解决方案，以解决组织协调问题。再如企业的矩阵式组织存在沟通效率的问题，可以把该实践问题归为矩阵式组织这一类研究中，进而可以从理论层面推演出如何提高矩阵式组织沟通效率的方法。

（2）实践经验。经验能提供更为丰富的背景信息，并存在于特定的情境中，容易促发感性认识，提供充分的启示、模仿和借鉴等。但过往实践经验尚未被充分理论化，对边界条件比较敏感。

（3）理论和实践经验的结合。利用理论和实践经验两者的优势，如依赖理论框架，由于理论框架过于抽象和一般化，再根据实践经验对理论框架进行针对性调整，以适应具体问题的解决，具体比较见表 2-1。

表 2-1　学术理论基础和实践经验的比较

维　　度	学术理论基础	实践经验
抽象性	抽象性较强，通用性程度相对较高	抽象性程度低，通用性程度待检验
情境性	情境化程度较低	情境信息丰富，容易促发认知，容易被理解、记忆
应用	指导问题研究、解决方案设计和评估，需要充分考虑问题的情境和边界条件	应用到边界条件相似情境中，做适度的修改和调整

3）提出解决方案与实施方案

设计是根据实践中确诊的问题和理论基础提出解决方案和实施方案的过程。

（1）解决方案。根据已有理论基础和问题定义，设计相应的解决方案。解决方案是考虑当前约束和目标导向，基于已有理论基础来进行推断而设计的。如：设计新的工程管理系统；为了实现某一目标，进行管理体系建设，如质量管理体系建设、合同管理体系建设。

在实施之前，还需对解决方案进行评估，以确定解决方案实现目标的可行性和实施方案的可操作性。

（2）实施方案。实施方案是指如何实施解决方案，需要对解决方案的实现过程进行设计，类似于医生诊断之后的治疗过程。解决方案实施通常需要支撑措施，如形成文件制度、形成组织责任制度等，以及对实施过程进行监督、对实施结果进行评估等。如设计了新的工程管理系统,要提出一套实施方案来实现该解决方案。对科学研究确定了研究内容后,需要设计研究实施方案。

2. 实施过程

实施过程是对解决方案的真实实施。虽然有很多方法可以用于评估解决方案是否有效,但实践仍是检验解决方案最重要的途径。现实场景中存在一些可预测和不可预测的干扰。如《实践论》中所描述"由于实践中发生了前所未料的情况,因而部分地改变思想、理论、计划、方案的事是常有的,全部地改变的事也是有的。即是说,原定的思想、理论、计划、方案,部分地或全部地不符合实际,部分错了或全部错了的事,都是有的。许多时候须反复失败多次,才能纠正错误的认识,才能达到和客观过程的规律性相符合,因而才能够变主观的东西为客观的东西,即在实践中取得预想的结果"。

1) 环境的变化

工程管理设计与结构设计、机械设计相比有显著差异。随着环境的变化,工程管理问题的边界条件(如上层需求、约束条件等)也会发生变化。在简单、稳定的环境中,理论的可预测性较强。但在高度复杂和众多干扰因素下,有些因素难以在主观认知范围内有效考虑,如不可预见的市场变化、政策环境变化等。边界条件的变化会影响解决方案的有效性。

2) 实施过程主体的参与性

参与主体是工程中最为活跃的因素,其行为和心态存在动态变化。实施者在执行过程中通过主观认知和反馈来影响实施。特别是不同主体共同合作行为具有较大的不可预测性。如安全管理的行为数据数字化留痕之后,会对使用者产生不同程度的抗拒心理。

3) 解决方案的不适应性

解决方案的不适应性可能由以下因素导致:

(1) 设计者的有限理性,即设计者对解决方案的认知存在一定局限性,特别是基于过去经验和知识的基础之上,解决方案可能存在应对未来的不适应性。

(2) 由于设计是基于对事件的假设和认知,体现的是一种期望。但强期望会影响人们的认知,导致人们认为事情的发生是理所当然的,从而会忽视计划之外的东西。

(3) 设计的假设是通过重复过去成功或有效的经验能获得同样的结果,但是这种假设通常难以处理新颖的实践。

(4) 已有理论的局限性,情境和边界的变化引起已有理论边界的变化,理论边界条件的变化导致理论不再适用。

这些真实发生情况对解决方案实施会产生动态影响。如果实施过程发生的结果和期望一致,说明设计的解决方案是有效的。如果解决方案出现了意外情况,应当进行再调整。总而言之,设计和实施是一个累积、持续交互、改进的过程。

3. 事后总结

实施后,解决方案及其结果成为既有现实,可被进一步解释。从理论研究角度,事后解释旨在提炼一般性规律。在研究中,通过总结和提炼,可以改进理论并形成理论贡献。从实践角度,及时的事后总结和反思能更好地认知实施过程的经验教训。实施结束后,要进行相应的知识总结,再反馈到已有的知识体系中,以指导后续设计工作。

案例1：

临时性组织相关研究中，Engwall[3]的研究具有代表性，该研究提出了临时性组织不是临时存在的，跟过去的经历、未来的期待和当前的情境等紧密相连。研究中比较了两个电力项目，一个项目聘用了有认证的项目经理，并建立了良好的项目管理制度，但这个项目的结果是不令人满意的。而另外一个项目正好相反。进而作者试图分析是什么引起了这种反差。最后发现具有解释力的是情境因素，即项目组织不能脱离情境因素存在。在这个研究中，可以从以下三个阶段进行再解读：

（1）在实施前，已有项目管理理论认为成熟的项目管理经验和制度有助于促进项目管理成功，进而聘请了新项目经理并建立了项目管理制度。

（2）实施过程中，该解决方案并没有发挥其预期效果，项目绩效并不满意。

（3）实施后，研究者基于该案例和另一案例的对比，提出项目组织应关注情境因素，以弥补理论的不足。

案例2：

合同管理作为工程管理的一个职能，贯穿于工程的决策、计划、实施和结束工作的全过程，其中包括：

（1）合同总体策划。研究对整个工程有重大影响的合同问题，包括决定工程的合同体系、合同类型、合同风险的分配、各合同之间的协调等。

（2）工程招标、投标和签约的管理。一个工程可能要签订几份或几十份合同，一般都要经过招标、投标过程。

（3）合同实施控制。每份合同都有一个独立的实施过程，包括合同分析、合同交底、合同监督、合同跟踪、合同诊断、合同变更管理和索赔管理等工作。

（4）合同后评价。对合同策划、签订、实施等全过程的经验和教训进行总结，以期在新工程中持续改进。

2.1.2 推理方式的比较

1. 实证研究中的演绎推理

实证研究遵循的过程逻辑是问题→假设→数据→结论，常见于抽样调研、试验等。首先分析问题，然后提出假设，再收集数据进行验证，最后依据验证情况提出结论。

演绎推理的过程包括以下具体步骤：

（1）确定需要验证的假设。如从已有研究中发现理论不足，根据猜想或现实观察形成理论推测，进而建立可验证的假设。

（2）从假设中形成预测，通过预测指导具体数据收集和分析。

（3）收集数据来验证预测。通过数据来验证预测是否成立，验证假设是否与真实世界相一致。

（4）如果预测正确，则确认假设；如果预测不正确，则证否，如图2-3所示。

例如，假设遥控器不工作，一个假设是电池没电了，进而来验证该假设是否正确。基于这样的假设，可做出预测，

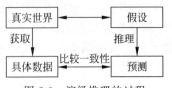

图2-3 演绎推理的过程

如更换电池,遥控器就可正常工作。通过更换电池(试验的形式)来验证这个预测。如果遥控器能工作,则验证了预测,进而接受了电池没电的假设。如果遥控器还是不工作,则说明拒绝了之前假设,需要再进行假设[4]。

当然,在演绎过程中可能会存在以下问题:

(1) 确认了预测并不一定意味着假设正确。如之前电池是有电的,但存在连接不畅,所以并不一定能推测遥控器坏了是由电池没电所致。

(2) 没有确认预测并不意味着假设不正确。如换了电池之后遥控器还是不工作,并不一定能拒绝电池没电这个假设,因为也有可能是遥控器坏了。在提出电池没电这个假设时,默认遥控器是好的,但实际上这个默认条件并不一定存在。

因此在演绎过程中,为验证假设,需要排除干扰因素的影响。

研究要素包括:

(1) 研究问题。分析已有研究不足,找出研究问题。

(2) 文献综述。对理论基础和关键概念的阐述。

(3) 假设。假设通常体现为自变量和因变量之间的关系,或者与其他变量的关系。

(4) 研究设计。问卷、试验、测量自变量和因变量、被调查者的抽样选择。

(5) 数据收集和分析。根据研究设计进行数据的收集和分析。

(6) 分析结论。假设是否能被证实?如果能,则形成新的理论。

(7) 对实践的启示。从研究结论中提出对实践的启示。

2. 质性研究中的归纳推理

质性研究遵循的逻辑是研究问题→数据→假设→结论,常见于扎根理论、案例研究等。Yin[5]把案例研究比喻成试验,一个案例是一个试验,多个案例是多个试验。案例和试验的差别在于试验脱离了情境,而案例强调丰富、真实的情境信息。质性研究主要通过案例、定性数据来归纳、总结已经发生活动的规律。研究过程需要满足构念效度、内部效度、信度和外部效度等要求[5]。

归纳推理关注从具体到一般,从具体观察开始,依靠它们之间的比较来推断可能的普适性。

研究要素包括:

(1) 研究问题。分析已有研究不足,找出研究问题。

(2) 文献综述。对理论基础和关键概念的阐述。

(3) 研究设计。案例选择、数据收集、数据分析。

(4) 数据分析。基于归纳推理,对定性数据进行分析。

(5) 提出假设或理论框架。以假设形式提出理论框架,与已有的理论框架进行对比。

(6) 结论。

针对数据分析,Gioia等[6]提出了具体的步骤:

(1) 以信息提供者为中心的第一层级用词编码,保持原始数据;

(2) 形成一个完整的第一层级用词编码的汇编;

(3) 以理论为导向的第二层级编码,将第一层级编码组织成第二层级主题;

(4) 将第二层级主题提炼成理论维度;

(5) 最终形成的数据结构为用词→主题→理论维度。

在归纳与演绎两类理论化过程中，演绎始于假设，然后从假设中进行逻辑推导，形成预测，再与具体观察对比；而归纳则从具体的观察开始，并依靠比较具体的观察来推断可能的普适性。从演绎推理和归纳推理可以看出，研究数据是已经存在的或通过试验获得的，并且不存在对数据进行调整。归纳以实际观察为基础，因此，不同的研究人员可能会推断出不同的结论，归纳过程会存在偏见，需要进行严格控制。

3. 设计科学研究的溯因推理

设计科学研究基于溯因推理，遵循逻辑是研究问题→设计假设→解决方案设计→评估→再调整设计假设的循环。设计科学研究中，依据理论 A 提出设计假设，再设计解决方案，进行评估。如果评估情况与假设一致，则验证设计假设。如果出现非预期情况，则可进行调整和修改，再评估验证。

基于理论 A，采用解决方案 M，预期是从 B 达到 B＊点。若实现了 B＊点，则意味着设计假设成立，从 B 到 B＊点是解决方案主动干预的结果。但在干预过程中，也会出现 B＊＊的情况，出现该情况即引发溯因推理，这个推理过程需要重新思考理论 A、方案 M 及所处情境，进而修改已有理论[7]。

设计科学研究具有生成性特征。溯因推理过程中，假设的提出和修改并不是基于已有理论的演绎推导，也不是基于数据的归纳，而是通过评估解决方案对客观现实数据进行修改和调整。

研究的要素包括：

(1) 问题研究。从实践中挖掘问题，诊断问题。

(2) 文献综述。针对解决方案设计的文献梳理。

(3) 设计假设。提出设计假设，指导具体的解决方案设计。

(4) 研究方案设计。根据设计假设方向，设计研究方案。

(5) 解决方案设计。提出解决方案。

(6) 解决方案评估。对设计假设和解决方案进行评估。

(7) 结论。分析对实践和理论的贡献。

Sætre 和 Van de Ven[8] 列举了如下例子来比较三类推理方式的差异。假设天鹅是白的，抽样 10 只，有一只黑天鹅。该情况下，不同的推理方式如下：

(1) 归纳推理：并不是所有的天鹅都是白天鹅。

(2) 演绎推理：拒绝所有天鹅都是白天鹅的假设。

(3) 溯因推理：为什么有一只天鹅是黑天鹅？

4. 研究中干扰因素的控制

对于理论贡献，实证、质性和设计科学研究存在相似之处。当把理论贡献简化为揭示自变量和因变量之间的解释或预测关系。如果要证明自变量是导致因变量的原因之一，一般需要基于三方面的证据：

(1) 自变量和因变量有共变的关系。

(2) 自变量一定先改变了，因变量随之改变。

(3) 排除其他影响因变量的因素。

实证、质性和设计科学研究对这三方面证据的要求是一致的。但不同推理方式下，排除影响因素的方法存在差异(如表 2-2 所示)。在演绎推理过程中,抽样调查采用统计控制,如控制变量、内生性分析等。试验通过试验设计的控制来控制研究的自变量。在归纳推理中,如案例研究,从案例选择(理论抽样)、数据分析、结论扩展等方面控制干扰因素的影响。在溯因推理中,通过评估解决方案证实其有效性。

表 2-2　不同类型研究的比较

因　　素	基于演绎推理的实证研究	基于归纳推理的质性研究	基于溯因推理的设计科学研究
原则	从一般性原则到具体	从具体到一般性原则	从异常到合理的解释
过程	三段式推理,大前提(一般性原则)和小前提(具体化陈述)都是真,结论也是真	对具体数据(具体)分析一般性概念和关系	评估解释的生成过程,使得异常得到合理解释
标准	逻辑有效性	经验真实性	合理性

注:本表参考文献[8]和文献[9]。

2.2　工程管理设计研究的属性

2.2.1　实践相关性

实践相关性是指工程管理设计研究以实践问题为研究起点。

1. 以实践问题为研究起点

确定一个实践问题是工程管理设计研究的起点。同时该实践问题不是针对某一企业或工程的问题,而是一般通用问题,进而构建一般性解决方案。也可以试图解决某一具体问题,但能获得某一类问题的解决方案,即从具体的问题提炼出适合于某一类问题的解决方案。如果针对某一具体问题,也无法提炼一般性解决方案,那么该情况更倾向于咨询性质。

相较于设计科学研究,解释类研究(如实证研究)并非直接针对实践问题,而是从理论解释的不足出发,理论解释的不足可能来自以下几个方面[10]:

(1) 两个现实现象相互矛盾,缺乏有效的解释。如 Flyvbjerg 等[11]提到早先研究存在不一样的解释,如一个研究发现成本估计是相当不准确的,但另一个研究却主张成本估算是相当准确的。Flyvbjerg 觉得两个研究不一致的原因可能是小样本、不均衡的研究样本所致。

(2) 现实现象和理论解释不一致。Engwall[3]的研究发现属于某电力公司的两个项目,其中一个项目的项目经理有良好的项目管理经验,建立了正式的项目管理体系,但这个项目却是不成功的;另外一个项目没有明确的项目管理体系,反而是成功的。按照已有理论,前者应该成功才对。这个异常现象引发作者重新思考已有项目管理理论。

(3) 两个理论解释同样的事实,但结论不一样或者假设不一样。

解释类研究不足主要是指针对解释力的不足。研究问题提出的关键是确定异常现象,即理论所不能解释的实践现象,进而通过研究,修改理论以更好地解释现实。如已有组织理论不能解释项目组织作为临时性组织的特征,进而需要建立临时性组织理论以区别于已有组织理论；已有理论不能解释重大工程中超支的现象，所以需要通过研究来解释。因此工程管理前沿可能常出现在新兴行业中，因为新兴行业出现理论所不能解释的现象概率会更高一点，如"互联网＋"、重大工程、数字建造等。

解释类研究的研究问题并非以实践问题为出发点，这可能会导致理论和实践层面存在脱节。

2. 提出解决方案

工程管理设计是针对实践问题设计解决方案，并验证解决方案的可行性，以解决实践问题。在解释类研究中，研究者需要提出相关实践启示，但其目的并非直接解决问题，实践启示是解决方案设计的重要基础和输入。工程管理设计是解决一类问题，同时需要评估解决方案，以确定解决方案解决实践问题的程度和效用等。

2.2.2　理论相关性

理论相关性主要是指用理论来支撑各阶段研究的开展，同时也需要改进理论基础（如图 2-4 所示）。在工程管理设计过程中，需要明确采用哪些理论基础来指导和支撑问题研究、解决方案设计和评估。此外，也需考虑理论贡献，即如何改进已有理论基础。

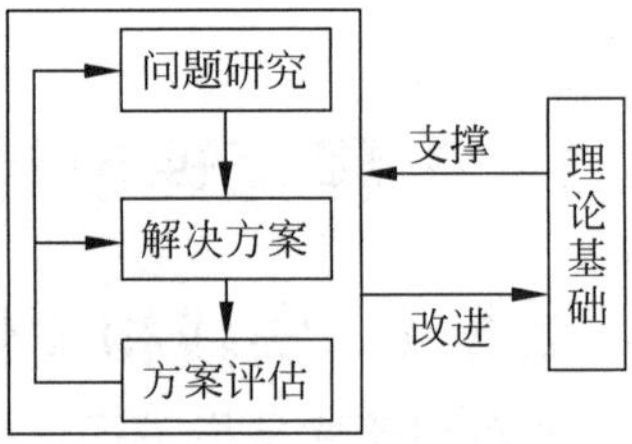

图 2-4　理论对工程管理
设计研究的作用

1. 理论支撑工程管理设计

1）理论指导问题定义和呈现

理论提供定义实践问题的视角。如针对重大工程成本超支问题，Bent Flyvbjerg 团队从乐观主义偏见的心理方面和战略性歪曲的政治方面进行分析，进而提出了要加强责任性与外部视角的解决方案。

研究问题界定不一定针对实践问题，也可能针对解决方案或实施方案的改进以更高效率地解决问题。总体目的是有助于解决问题，如提高解决方案的效率和效果等。

2）理论指导解决方案设计

理论指导解决方案的设计。如 Bent Flyvbjerg 团队发现了重大工程成本估算中的乐观主义偏见的问题，进而提出采用外部视角进行估算，即采用基于参照集的方法可以有助于克服乐观主义偏见带来的问题。基于参照集的方法在已有理论中已经较为成熟，Bent Flyvbjerg 把该方法应用到了重大工程成本估算领域。

在对理论使用过程中，也不能一味照搬，要根据问题进行一定程度的具体化处理。如《战争论》中描述到"理论是一种考察，而不是死板的教条""理论不能是死板的，也就是说理论不能是对行动的规定"。"理论越是能促使人们深入地了解事物的本质，就越能够把客观的知识变成主观能动性，也越能在一切依靠智慧才能解决问题的情况下发挥作用，即它对人的才能本身发生作用。"

3）理论指导解决方案评估

解决方案的设计基于一定理论指导，评估可进一步确定理论在解决方案中的实现状态，需要通过理论来指导评估过程，如确定评估指标、评估方案、评估主体的选择等。

2. 理论贡献的参照点

理论贡献是对已有理论进行修改、调整和补充。因此明确理论基础,将为理论贡献提供参照点。具体可见理论贡献部分(2.5.2节)。

2.2.3 价值导向的解决方案

1. 解决方案的价值导向

问题呈现和解决方案设计具有价值导向属性,如功能目标、社会目标、环境目标等。对这些价值的考虑范围越宽,意味着目标约束范围越大。现代工程有丰富的价值导向,但也带来大量冲突和矛盾。

2. 参与主体的价值观

工程科学具有价值导向属性。解决方案的设计和选择过程中,存在人们的主观判断。价值取向受个人或组织所追求的目标或价值影响,不存在唯一解,可在多个解决方案中选择一个。设计者的价值观和工程观会影响问题的呈现、解决方案设计和实施。相对的,解释性研究更倾向于分析和剖析基本规律,存在唯一解。

在工程中,对价值体系指标的选择和定义受人们的工程观影响,如工程的价值体系设计中选择哪些指标,以什么为重点,对指标设置什么样的水准等。工程观是人们对工程的基本属性、价值判断和追求的认知,是对工程发展、文化,以及工程与自然、工程与社会关系的观点和态度。工程观建立在人们对工程,以及与之相关的自然、社会和精神等方面的认识的基础上,带有主观性。人们的社会地位不同,观察问题的角度不同,就会有不同的工程观。工程观是在工程实践中产生的,应用于工程实践,并能够指导工程实践[12]。

工程观决定了人们对工程的价值追求,进而支配人们的工程行为。人们的工程行为受工程观的影响,有什么样的工程观,就有什么样的工程行为,就有什么样的工程。现代社会,由于科学技术的进步,科学技术越发达,人类认识自然和改造自然的能力就越强,工程能力就会越来越强。如果人们的工程价值追求迷失,就会造成极大的负面影响和产生破坏性作用。所以,人们必须具有健康和理性的价值追求,并在工程中得到贯彻,以规范和约束人们的工程行为[12]。

2.3 工程管理设计的步骤

2.3.1 工程管理设计三阶段过程

工程管理设计包括三个相互关联的阶段(如图2-5所示):

1. 问题研究阶段

问题研究针对症状进行分析,对问题进行诊断,进而探究问题症状背后的深层次原因。最后,将实践问题归纳到抽象性理论问题,进而提炼出一般性问题。

问题研究阶段需要界定问题的范围和边界,问题(甚至包括解决方案)和范围之间相互影响,问题影响范围的界定,同时范围的界定也会影响问题的呈现。问题研究主要包括:①分析需解决的问题对象;②界定需要解决的问题的范围、所处的层级、涉及的组织的范围

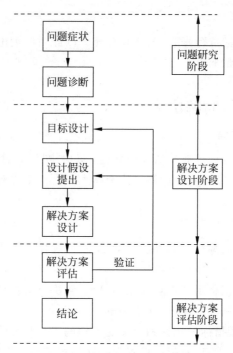

图 2-5　工程管理设计的研究步骤

等；③界定解决方案设计的约束条件。

2. 解决方案设计阶段

解决方案设计阶段包括目标设计、设计假设提出、解决方案设计三个部分。目标是解决方案最终要实现的状态。设计假设是指导解决方案设计的一种理论猜想；设计假设作为连接目标和解决方案的桥梁，指导解决方案设计。解决方案体现了设计假设的指导，是设计假设的具体化，依据设计假设设计解决方案。

3. 解决方案评估阶段

解决方案评估是指通过选取一定的评估指标、评估方法等对解决方案进行评估以验证设计假设和解决方案实现目标的程度。

2.3.2　工程管理设计三阶段的迭代

在工程管理设计过程中，各阶段存在迭代关系。如解决方案未能有效实现目标，则对设计假设或解决方案进行修正，如此循环，直至问题最终得到有效解决。针对复杂问题，迭代过程更为突出。

1. 迭代的原因

迭代可能由以下原因所致：

（1）在问题研究和解决方案设计阶段中，有许多认知和设计需求是逐渐浮现的，这些新的认知和设计需求的出现会影响问题的呈现和解决方案的设计。

（2）认知的局限。参与主体（如设计者）存在认知局限，难以快速、准确、完备地识别问题,设计解决方案。需要通过不断地收集信息、提升认知,除了理性分析,还需综合直觉决策。

(3) 解决方案设计的逼近性。解决方案设计需要在一个较大范围内搜索,这是一个迭代逼近过程,很难一步到位。

2. 迭代的形式

迭代包括以下形式:

(1) 修正解决方案。由于解决方案评估结果未实现预期的需求,需对解决方案再进行调整,调整后,再评估。或者由于解决方案中的子方案间不兼容,需进行调整。

(2) 修正设计假设。由于设计假设存在方向性偏差,对设计假设重新调整。若存在一些不可预测的副作用、意外效果等,则需要再修正。

(3) 重新调整设计目标。

(4) 重新诊断问题出现的原因。

3. 迭代的处理方式

迭代的处理方式包括以下两种:

(1) 调整。对原问题、设计假设、解决方案等进行微调,再进行重新测试。

(2) 放弃,再寻找其他解决途径。放弃原来的方向,另外寻求新的解决方向。

也可以采取局部调整和放弃。

2.4　工程管理设计的主体

2.4.1　主要主体及其相互关系

1. 主要主体

工程管理设计、实施、评估涉及众多主体,主要包括:

(1) 问题提出者。问题提出者是指面临实践问题,同时希望该实践问题得以解决的人群,可能是高层、一线工作人员或使用者等。

(2) 决策者。决策者是指对解决方案决策的组织或个人,往往是解决方案设计的直接负责人,如企业高层领导。决策者要考虑多方面因素的综合平衡,有更宽的视野。决策者也参与问题研究、解决方案设计、评估过程,对于不满足要求的解决方案,可组织继续调整和修改。

(3) 设计者。设计者是指设计解决方案的组织或个人。典型的如外部专家、咨询方或专门成立的项目小组等。除专业知识、沟通能力、团队合作能力外,设计者会面临诸如实践压力、外部压力、与自己的价值观冲突等问题,因此设计者需要有效地管理自身的想法和行为,以及有效地参与团队合作。

(4) 评估者。评估者是指评估解决方案的组织或个人。研究和实践中存在一些专门的评估者,他们对解决方案进行评估,以验证解决方案的有效性。如:以某些解决方案做试点,试点的参与者可视为评估者;在解决方案设计过程中,设计者进行解决方案的过程性评估工作。

（5）执行者。执行者是指实施解决方案的组织或个人。评估后的解决方案需要执行。在执行过程中，执行者会根据自己的想法和所处的情境进行再调整。比如装配式建筑采用套筒灌浆技术，现场的吊装工人是执行者，执行者由于自身能力或理解，会对解决方案的执行带来影响。

（6）使用者。使用者是指解决方案实施后所影响的人群，这些人群可能是组织内的，也可能是组织外的。如医院的流程再造，涉及医生和患者作为使用者；项目上使用安全管理软件，涉及操作工人填报数据。

（7）研究者。研究者是指主要从事理论研究工作的组织或个人。研究者的角色是以改进现有知识基础为目的。研究者的身份多样，如作为局外设计者、作为参与性设计者等身份，对不同身份的研究者承担的工作要求不一样。

2. 主体之间的关系

参与主体间的相互影响主要通过工程管理设计、实施、总结三个环节产生联系。不同的设计过程会使主体的关系产生变化。

（1）参与式设计。参与式设计涉及主体角色上的重叠，如设计者和使用者角色的重叠，使用者提出自己的想法，并带入设计。或者是设计者和使用者共同进行设计。设计者通常面临知识不完整的问题，因此解决方案在实施过程中会有调整。为应对不确定性，可采用使用者提前介入来增加设计者对解决方案的认知和理解，进而提高实施过程的可接受性。

（2）参与式评估。即执行者和使用者直接参与评估过程。设计者在进行设计时，需充分考虑未来实施的影响，可邀请执行者和使用者参与评估。

（3）设计者独立于实施过程。独立是指采取由上至下的方式进行设计，设计者融入其他主体的观点和参与有限。该方式面临一些局限性：一方面，设计者可能没有完全掌握和理解已有知识，或者知识本身还不完整；另一方面，即便设计者理解了已有知识，但可能对未来的认知有限，难以通过想象和推演等进行系统性的认知构建。

（4）主体之间的关系也可能体现在具体方案需求和实施计划中。

如对于老旧小区改造中，解决方案可体现不同主体的关系。

① 涉及人的因素的情况：提供能让居民休憩的场所；

② 只涉及技术因素的情况：增加一些休憩的场所；

③ 涉及人和技术因素的情况：提供一些能让居民更好地休憩的场所。

不同的方案对设计的要求不同。

设计者具有最大的主动性，可以充分调动不同参与主体的介入。因此，设计者需要考虑不同参与主体的影响，进行系统性设计。

在避难所设计的案例中[13]，研究者分析了采用两种参与式的设计来实施平民区的避难所的设计：一种是避难者自己提出想要的设计；另外一种是避难者改进和调整已有的一个避难所的设计。并且设计采用三种呈现方式：电脑模型、实物原型、虚拟现实。最后发现第一种方式交流较少，参与程度较低，产生了跟当前差不多的设计；第二种方式更能激发对话交流，产生更多的信息。实物原型更能促进避难所的修改和调整，电脑模型的交流效果最差,虚拟现实在讨论尺度和规模方面效果最好。

3. 主体及其相互关系案例分析

以社区更新项目为例来分析各主体的相互关系。

1) 面临的问题

面临的问题是老旧小区相关的功能不满足需求,或者存在潜在的改进空间。

2) 解决方案

(1) 目标和功能设计。需要通过观察、与居民访谈、头脑风暴等方式获得初步的需求清单。设计方案经过多轮讨论、修改以有效满足各方的需求。目标中应充分考虑后续的维护成本,保持改造后的社区风貌合理、有效地被使用者使用。

(2) 老旧小区改造措施设计。

3) 解决方案的设计过程

如何平衡各种不同的需求,如绿化、停车、休憩、锻炼等。如何更有效地使用各种设计工具和方法,如与居民的沟通、尽可能地减少专业用语,通俗地表达等;因为沟通交流增加,如何降低协商成本。

4) 解决方案实施

由施工单位执行,实施过程中,会跟居民有密切接触,并干扰到居民的日常生活,因此需要进行有效管理。如在施工和维护管理前充分征求居民意见。

5) 参与主体

(1) 问题的提出者。规划部门、社区街道、居民等,通过政府部门立项决策。问题提出者的渠道差异,体现了项目解决方案设计的机制设计上的不同。还有其他类型的问题提出者,如研究机构提出进行方案试点等。

(2) 设计者。即规划师,如果强调参与式,居民则参与设计。

(3) 执行者。设计师和施工单位等,将更新规划方案落地实施。

(4) 决策者。对更新改造方案进行决策的人或组织。

(5) 使用者。居民作为最终的使用者。

(6) 评估者。①实施前,强调居民参与的情形下,居民参与决策;自上而下的评估中,由决策部门进行评估,并进行公示,收集居民的反馈意见,再进行修改和调整。②实施后,政府从规划角度进行评估,使用者从使用方便性角度进行评估,执行者从实施过程和结果角度进行评估。

(7) 研究者。研究者根据事实情况,进行理论提炼和总结,指导后续的社区更新。

2.4.2　工程管理设计对主体的要求

1. 思维要求

思维是指参与主体对观察和感受的现象和事件进行分类,赋予一定的意义,从而确定相应的特征,主要是指针对具体现象的认知和抽象。对工程管理设计研究三阶段有不同的思维要求(见表 2-3)。

表 2-3　工程管理设计三阶段的思维要求

阶　　段	思维类型	示　　例	时间维度
问题研究阶段	分析思维	• 现实问题的观察和分析 • 借用抽象理论进行分析 • 解释当前问题发生的原因	面向当前
解决方案设计阶段	设计思维	• 针对预期，设计目标 • 针对目标，设计解决方案 • 借助理论推演和实践经验的启发来设计	面向未来
解决方案评估阶段	评估思维	• 对具体解决方案的评估 • 对设计假设的评估	面向过去

1）问题研究阶段的分析思维

问题研究阶段需要研究者具备较好的分析思维。分析思维是指通过研究和分析，能从问题症状中识别和确定原因。分析思维强调在复杂的问题中抽离出主要矛盾和关键问题，对问题呈现有破茧抽丝的认知能力。

常见的分析思维实例有：

（1）可分析和预测趋势，从既有现象中总结预测规律。

（2）能依据逻辑关系分解复杂现象和问题，形成结构化的子问题，并可以根据逻辑关系进行重组。

（3）根据一定的规则把现象分类；抽象形成概念；能概括和总结复杂现象。

（4）能发现复杂的因果关系，做逻辑推理分析。

2）解决方案设计阶段的设计思维

设计思维用于解决方案的设计。设计思维强调观察、合作、快速学习、对解决方案的可视化、概念原型制作、可行性分析等，与理性思维存在差异。

（1）强调价值。设计者必须有科学、理性的价值观。如强调以用户为中心和参与，对用户有同理心，深刻理解用户所处的情境和需求。以可持续发展理念为指导，呈现对社会和发展负责任的设计。这些价值要求都需贯穿于解决方案设计，体现到目标中。

（2）迭代和试验。尝试不同方案、不同途径，进行反复迭代。设计是对未来的设想，设计过程是理性和直觉的混合，需要不断迭代，因此要容忍失败和模糊性。在某些场合，鼓励分歧，要能驾驭模糊性。

（3）对未来的推演。推演和测试可能的解决方案，对解决方案未来发展进行构想。

（4）强调可视化。可视化包括模型、流程图、组织架构图、表等。设计可视化可以促进团队共同思考，促进跨专业的协调合作。在早期，可视化的成果比较粗略，随着认识不断深入，可视化的成果会更加精细。不同专业参与者对可视化的理解和用途存在差异，如设计、施工、造价等，各自都有其侧重点。

设计者在设计过程中，会涌现很多设计的构思和想法，但大多可能杂乱无章，需要将其进一步记录和表达出来。可视化能够把抽象的想法转化成具象的描述。同时，可视化也能体现设计者对设计对象的理解和把握的程度。可视化也可以用于获取用户和其他参与者的反馈，与专业用词相比较，用户对于可视化的表达能有更好的认识。

分析思维和设计思维的比较见表 2-4。

表 2-4　分析思维和设计思维的比较

比较维度	分析思维	设计思维
问题呈现	完全定义的目标和约束	目标和约束是在设计过程中形成的
指标	客观定义的指标,在解决方案设计前被定义	客观和主观指标用于定义设计目标,使用者做最终的评价
方法	先计划,后实施	迭代性,设计和执行互动进行
信息处理的侧重	侧重定量分析	侧重可视化呈现,激发认识和共识
问题解决的过程	有意识的、理性逻辑推理的过程,有正式规则约束	解决方案是在跟用户的互动过程中逐渐形成的,是一个持续创造和迭代的过程,依赖经验、判断和直觉等
原理	通过严密的分析减小失败概率	通过试验和原型设计,从早期经验中快速学习
成果	事先定义的指标,存在最佳答案	旨在获得更好的解决方案,在过程中生成

注：部分参考文献[14]。

3）解决方案评估阶段的评估思维

评估思维是指能对解决方案的效用进行评价,需要选择合适的评估方法,建立评估指标以评估解决方案是否能实现预期目标。评估主要针对一定情境下的问题和解决方案;关注解决方案的效果怎么样,对目标的实现程度,以及可能存在的意外情况等。相比较,分析思维更强调一般性,揭示解释或预测机理和规律。评估思维和分析思维的比较见表 2-5。

评估思维具有价值导向,是为了证实解决方案是否能实现预期目标。评估主体有一定的立场。

表 2-5　评估思维和分析思维的比较

维度	评估思维	分析思维
范围	一定情境下的问题和解决方案	强调一般性
对象	解决方案的效果怎么样	存在怎样的解释机理
关注点	关注目标的实现,以及可能的意外效果	关注解释性规律
立场	评估主体的立场	抽离于现象的身份

2. 能力要求

参与主体在工程管理设计研究中体现以下能力要求(见表 2-6)：

(1) 问题研究阶段。需要参与主体充分观察,理解实际问题,需要以人为本的思维,强调对使用需求的综合考虑,探究问题的本源,需要具备问题分析和诊断的能力。

(2) 理论基础确定阶段。具备较好的经验、理论基础,并具备能在实际情境中应用基础理论的能力。

(3) 解决方案设计阶段。能运用理论,有创新意识、想象力等。由于解决方案设计具有迭代性,一般难以在早期形成完整的思路,因此要能容忍早期信息的不完整、理解有限等。

(4) 解决方案评估阶段。容忍反复试验,甚至容忍失败。

(5) 总结和交流。撰写报告,并进行有效交流。在实践中,获得了解决方案,还需要说服决策者和合作者。

表 2-6 工程管理设计研究的能力要求

阶　段	能　力　要　求
问题研究	以人为本的思维、问题分析和诊断能力
理论基础确定	具备实践经验和理论基础，并能在实际情境中应用
解决方案设计	容忍模糊性、风险倾向，能将理论应用到解决方案设计中，多专业协同
解决方案评估	反复容忍试验，对失败容忍
总结和交流	撰写报告，有效交流

除了针对工程管理设计特有的能力要求，还有一些综合能力要求：

（1）面临未知和不确定性，能够接受和容忍未知。未知的存在容易使人紧张、焦虑，进而可能使人产生放弃和回避的想法。解决问题过程需要能有效应对这种心态。

（2）熟悉和理解解决问题的工具和方法。工具和方法相对而言是比较结构化的，可以通过间接或直接学习来获得。

（3）资料收集和整理的能力。解决问题过程中需要从各种渠道收集相关信息。需要从一些混乱的信息中整理出规则性、条理性的知识。特别在挖掘和发现问题阶段，对问题进行分类整理尤为重要。

（4）由于迭代过程存在较大不确定性，所以需要个人和团队保持开放，减少权威作用。团队成员要乐于探索不同可能性，进行冲突性讨论。并具有接受失败和进行调整的韧性，能包容迭代过程的不完美。

2.5　工程管理设计研究的总体要求

工程管理设计研究包括过程严谨、理论贡献和改进实践三方面总体要求（如图 2-6 所示）。

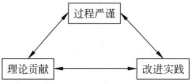

图 2-6　工程管理设计研究的总体要求

2.5.1　过程严谨

过程严谨是指各个步骤之间具有严密的逻辑关系。研究过程遵循科学、规范的要求，需要过程透明、可复制等。问题研究、解决方案设计和评估阶段都依赖严谨的过程。

1. 逻辑合理的研究过程

（1）逻辑合理是指研究有严密的逻辑关系。根据诊断的实践问题和约束条件提出目标；根据诊断的实践问题和目标提出设计假设；通过设计假设指导解决方案的设计；通过解决方案评估验证设计假设的可行性和可操作性。整个研究过程须经过合理规划，并且前后逻辑联系保持一致。

（2）每个阶段都有理论作为支撑。如问题诊断阶段、设计假设提出阶段都涉及相关基础理论的支撑，用于支撑逻辑论证。

2. 各阶段的逻辑合理性的评估

各阶段内逻辑关系的评估包括：

（1）问题诊断阶段的评估，评估原因是否引发症状的根本原因。

（2）设计解决方案阶段的评估。包括：①目标、假设、解决方案之间的一对多、多对多的关系；②解决方案内部要素的一致性、透明性及可解释性。

（3）解决方案评估阶段。包括：①是否能够有效地对设计假设和解决方案进行评估；②评估针对设计假设的理论贡献和针对目标实现的实践贡献。

对于严密的逻辑关系，一方面要求在研究方法上有充分训练，另一方面能投入时间去思考其中的逻辑关系，并处理大量非常微妙的逻辑问题。

3. 过程的透明和可重复

在论文陈述过程中，要实现过程的透明和可重复。详细的内容可见第9章。方法严谨性要求论文陈述的过程尽可能地少受攻击，尽可能做到不受致命攻击。这要求研究者充分理解研究各部分之间的逻辑关系。

2.5.2　理论贡献

理论贡献是对研究的基本要求，对工程管理设计研究也同样要求理论贡献。Vom Brocke 等[15]提出以下三个方面的理论贡献：①对理论基础的贡献。②对设计理论的贡献。对设计人造物的对象和过程的知识，贡献具有通用性的设计知识。如概念、方法、模型、设计准则、技术规则等。③对解决方案的贡献。适合于特定情境的人造物，改进对象以更有效地解决问题。

设计科学研究的理论贡献包括设计理论的改进和基于解决方案的实践改进（如表 2-7 所示）。设计理论方面主要是对设计假设的检验，形成了新的设计理论，或者扩展了已有设计理论边界。此外，解决方案方面主要体现在效用的提升，该效用可以从情境、问题、解决方案三个维度进行分析。

表 2-7　设计理论贡献

理论要求	衡量指标	要素描述	贡献的描述
设计理论	因果关系	设计假设	• 新设计理论 • 已有设计理论的边界扩展
解决方案	效用提升	情境	• 新情境：新（或旧）设计假设引导解决方案设计，解决新情境的传统问题
		问题	• 传统问题：新（或旧）设计假设引导解决方案设计，改进效用
		解决方案	• 新问题：新（或旧）设计假设引导解决方案设计，解决新问题

工程管理设计理论贡献有以下几种类型（见表 2-8）：

表 2-8　工程管理设计理论贡献的类型

类型	类型描述	情境	问题	设计假设	解决方案
重复验证	重复验证已有设计理论	已有情境 • 如房屋建筑	传统问题 • 如质量控制	已有设计假设 • 如奖励惩罚机制	房屋建筑采用奖罚机制来控制质量

continued续表

类型	类型描述	情　境	问　　题	设计假设	解决方案
扩展	对已有理论边界范围的扩展：基于已有设计理论、情境和问题边界的扩展	新情境 • 如装配式建筑	传统问题 • 如质量控制	已有设计假设 • 如采用 PDCA	在装配式建筑中采用PDCA来控制质量
		已有情境 • 如基础设施工程	新问题 • 如控制碳排放	已有设计假设 • 如目标设置理论	基础设施工程采用目标设置理论来控制碳排放
改进	实现目标的改进：基于新的设计假设，实现传统问题的目标改进	新情境 • 如装配式建筑	传统问题 • 如质量控制	新设计假设 • 如采用机器视觉提升自动监控	装配式建筑采用机器视觉进行质量控制
		已有情境 • 如基础设施工程	传统问题 • 如成本估算	新设计假设 • 如采用基于参照集的方法提升准确性	基础设施工程采用基于参照集的方法改进成本估算
构建新理论	探索性地构建理论：基于新的设计假设，应对新问题	新情境 • 如装配式建筑	新问题 • 如探索性质量控制	新设计假设 • 如韧性工程	装配式建筑采用韧性工程进行探索性质量控制
		已有情境 • 如基础设施工程	新问题 • 如环境要求	新设计假设 • 如价值共创	基础设施工程采用价值共创理论实现环境控制要求

1. 重复验证

对传统问题采用已有的设计假设所形成的解决方案，进行重复验证，以进一步证实已有设计理论的可复制性。

2. 扩展

扩展主要是指扩展已有设计理论的边界。扩展的对象主要是已有设计假设在不同情境和问题中所形成的边界。新情境下的扩展，可针对传统问题和新问题；已有情境下的扩展，主要针对新问题。

3. 改进

改进是指基于新的设计假设，实现传统问题的目标改进。

（1）针对已有情境下的传统问题，进行目标的改进。为实现更高目标，采用差异化或新的设计假设，如采用不同的理论视角，形成新设计假设。如分析成本估算的准确性能否通过基于参照集的方法进行改进。虽然成本估算的准确性是一个传统问题，但新方法能获得准确性方面的改进。

（2）针对新情境下的传统问题，进行目标的改进。

4. 建构新理论

对新问题采用新的设计假设和解决方案。问题所处的情境可能是新情境，也可能是已有情境。

2.5.3　改进实践

改进实践是指解决实践问题和解决方案效用的改进，即设计的解决方案能有效地解决实践问题。

1. 实践问题

针对传统实践问题确定了新的原因,进一步认识了问题。或者解决了新的实践问题。

2. 解决方案

1)目标

目标体现了实践改进的方向和程度。针对传统实践问题,存在目标的改进。如在招标工作中怎么有效融入生态因素的考虑。虽然招标仍遵照之前的工作流程,但招标工作内容有了新的内涵。

2)解决方案

(1)针对传统问题设计新的解决方案,如研究用机器视觉的方法进行垃圾分类,或者用于监测建筑物的质量安全等。

(2)新的实施方案。针对已有解决方案,改进了实施方案。如邻避设施选址中,有效地融入当地居民的参与有助于提升大家对搬迁或补偿方案的接受程度。

(3)新的设计思路,如参与性设计可促进解决方案设计和实施的有效性。

改进实践的核心是更有效地解决问题和实现预期目标。

思考题

1. 工程管理设计的思维和能力要求对于课程学习提出怎样的要求?

2. 工程管理设计研究的总体要求与问卷调查、案例研究的总体要求存在怎样的异同?

参考文献和引申阅读材料

1. 参考文献

[1] HEVNER A,CHATTERJEE S. Design research in information systems. Theory and practice[M]. New York:Springer,2010.

[2] PEFFERS K,TUUNANEN T,ROTHENBERGER M A,et al. A design science research methodology for information systems research[J]. Journal of Management Information Systems,2007,24(3): 45-77.

[3] ENGWALL M. No project is an island:linking projects to history and context[J]. Research Policy, 2003,32(5):789-808.

[4] 刘彦方. 批判性思维与创造力:越思考越会思考[M]. 上海:上海人民出版社,2017.

[5] YIN R K. Applications of case study research[M]. California:Sage,2011.

[6] GIOIA D A,CORLEY K G,HAMILTON A L. Seeking qualitative rigor in inductive research:notes on the Gioia methodology[J]. Organizational Research Methods,2013,16(1):15-31.

[7] CHANDRASEKARAN A,TREVILLE S,BROWNING T. Editorial:Intervention-based research (IBR)——What,where,and how to use it in operations management[J]. Journal of Operations Management,2020,66(4):370-378.

[8] SÆTRE A S,VAN DE VEN A. Generating theory by abduction[J]. Academy of Management Review,2021,46(4):684-701.

［9］ MANTERE S，KETOKIVI M. Reasoning in organization science［J］. Academy of Management Review，2013，38（1）：70-89.

［10］ PILLUTLA M M，THAU S. Organizational sciences' obsession with "that's interesting!"：consequences and an alternative［J］. Organizational Psychology Review，2013，3（2）：187-194.

［11］ FLYVBJERG B，HOLM M S，BUHL S. Underestimating costs in public works projects：Error or lie？［J］. Journal of the American Planning Association，2002，68（3）：279-295.

［12］ 成虎，宁延，等. 工程管理导论［M］. 北京：机械工业出版社，2018.

［13］ ALBADRA D，ELAMIN Z，ADEYEYE K，et al. Participatory design in refugee camps：comparison of different methods and visualization tools［J］. Building Research & Information，2020，49（2）：248-264.

［14］ GLEN R，SUCIU C，BAUGHN C. The need for design thinking in business schools［J］. Academy of Management Learning & Education，2014，13（4）：653-667.

［15］ VOM BROCKE J，WINTER R，HEVNER A，et al. Special issue editorial：Accumulation and evolution of design knowledge in design science research：A journey through time and space［J］. Journal of the Association for Information Systems，2020，21（3）：520-544.

2. 引申阅读材料

［1］ BASKERVILLE R，PRIES-HEJE J. Explanatory design theory［J］. Business & Information Systems Engineering，2010，2（5）：271-282.

［2］ BASKERVILLE R. What design science is not［J］. European Journal of Information Systems，2008，17（5）：441-443.

［3］ CARLSSON S A，HENNINGSSON S，HRASTINSKI S，et al. Socio-technical IS design science research：developing design theory for IS integration management［J］. Information Systems and e-Business Management，2010，9（1）：109-131.

［4］ FISCHER A，GREIFF S，FUNKE J. The process of solving complex problems［J］. Journal of Problem Solving，2011，4（1）：19-42.

［5］ GREGOR S，HEVNER A R. Positioning and presenting design science research for maximum impact ［J］. MIS Quarterly，2013，37（2）：337-355.

［6］ MICHELI P，WILNER S J S，BHATTI S H，et al. Doing design thinking：Conceptual review，synthesis，and research agenda［J］. Journal of Product Innovation Management，2019，36（2）：124-148.

［7］ MULLARKEY M T，HEVNER A R，ÅGERFALK P. An elaborated action design research process model［J］. European Journal of Information Systems，2018，28（1）：6-20.

［8］ PEFFERS K，TUUNANEN T，NIEHAVES B. Design science research genres：Introduction to the special issue on exemplars and criteria for applicable design science research［J］. European Journal of Information Systems，2018，27（2）：129-139.

［9］ ŠKĖRIENĖ S，JUCEVIČIENĖ P. Problem solving through values：A challenge for thinking and capability development［J］. Thinking Skills and Creativity，2020，37：100694.

［10］ 谢友柏. 设计科学与设计竞争力［M］. 北京：科学出版社，2017.

第3章

理　论　基　础

理论是对现实规律的提炼,是脱离个别和具体的一般化抽象,旨在对现实提供抽象和系统的规律性认识。理论对研究开展至关重要,理论贡献是研究的必备要素,也是研究区别于管理咨询和实践的重要特征。本章主要介绍工程管理设计的理论基础,涉及理论的概念、测量、理论中的解释和设计理论等内容。

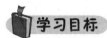 **学习目标**

(1) 理解理论的概念和内涵。

(2) 理解理论与实践之间的关系。

(3) 能辨析设计理论与其他类型理论的异同。

3.1　理论概述

1. 理论的重要性

1) 对现实情况准确、简约认识的需要

理论是对实践简化的描述、解释和预测。实践呈现出模糊、复杂、多样、边界不清等特征,以至于难以被实践者充分认知和理解。为方便理解和传播,需要对实践做一定程度的抽象和简化。其目的是更方便人们理解现实,在杂乱中梳理出规律,形成更为清晰的认识,从而有助于指导管理实践。如《实践论》中所述,"论理的认识之所以和感性认识不同,是因为感性的认识是属于事物之片面的、现象的、外部联系的东西,论理的认识则推进了一大步,达到了事物的全体的、本质的、内部联系的东西,达到了暴露周围世界的内在的矛盾,因而能在周围世界的总体上,在周围世界一切方面的内在联系上去把握周围世界的发展。"

Bettis 等[1]认为可以将理论描述成模型,如同用地图来描述城市,以方便大家对城市的理解。理论研究希望从复杂的现实中提炼出一些简约、一致性的说明,同时又能准确捕捉实践中的突出方面,如地图有较高的精度和准确性时才能有效发挥其作用。准确、简约和普适是理论的基本特征,一方面理论是对现实的简化,但同时又要对现实精准描述。此外,理论需具有普适性,以适用于更大范围[1]。研究者普遍认为同时实现准确、简约和普适的挑战极大。

2）理论能帮助解释实际问题，寻找解决方案

理论来源于实践，又指导实践。好的理论同时具有非常好的实践性[2]。在结构设计中，需要力学、材料学等相关理论支撑。同样的，工程管理需要理论支撑，理论指导能帮助人们有效地认知和解析问题发生的深层次原因，进而提出有效的解决方案，如图 3-1 所示。Felin 等[3]认为"理论能助你见他人所不能见，理论会引导你看什么，朝哪看"。

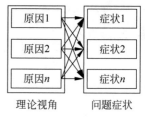

图 3-1　通过理论认识实践

3）掌握理论是对研究者的基本要求

熟练掌握理论是研究者区别于实践人员的重要特征。通常实践者关注特定现象（如一棵树），而研究者更关心普遍性问题（如一片森林）[4]。研究者需要通过学习和掌握基础理论知识来解决专业实践问题。

虽然社会经济等环境因素变化很快，不同工程面临的外部环境也存在较大差异，但理论具有一定通用性，因此系统地掌握理论可帮助应对环境变化和不断出现的新问题。

2. 理论的类别

常见的理论类别包括描述性理论、解释性理论、预测性理论和设计理论（见表 3-1）。其中，描述性理论侧重于对现象进行分析和描述，形成诸如因素、类别等所构成的理论，其衡量标准是描述准确性；解释性理论是指对现象进行因果解释，通过解释力来衡量；预测性理论提出可预测的观点和判断，体现预测准确性；设计理论（常称为规定性理论）包括干预现实和解决问题的准则和原则等，其衡量标准是实现目标的有效性。

表 3-1　不同类型理论的比较

	描述性理论	解释性理论	预测性理论	设计理论（规定性理论）
描述	对现象进行分析和描述	对现象的原因和规律进行解释	对现象提出预测性判断	提出干预性准则，体现在功能性解释
问题	是什么	为什么会发生	会发生什么	应该发生什么
衡量	描述准确性	解释力	预测准确性	有效性

（1）描述性理论。描述性理论类似于统计分析中的描述性统计分析，对现象进行分析和描述，但不对描述内容进行因果解释，回答"是什么"的问题。描述性理论通常被认为处于理论发展早期阶段。如临时性组织的基本特征包括任务、团队、时间、嵌入性四个维度[5]。这四个维度可用于区分临时性组织与其他类型组织。并且这四个特征直接影响项目组织运作、项目任务安排等。在工程管理研究中，存在大量描述性研究，如描述项目治理的层级、治理机制等。

（2）解释性理论。解释性理论对现象进行解释，形成自变量和因变量之间的因果关系，并解释因果关系发生的原因。通常回答"为什么会发生"，侧重于分析自变量对因变量的解释力。如 Bent Flyvbjerg 等通过分析大样本的统计数据发现重大工程决策过程中存在战略性歪曲和乐观主义偏见，这两个因素影响重大工程成本超支。

（3）预测性理论。预测性理论对现象进行预测，回答"会发生什么"的问题。虽然解释性和预测性理论都关注自变量与因变量之间的关系，但两者在侧重点上存在差异。预测与

解释具有相同的结构,即自变量影响因变量。预测侧重于对未来状态的判断,而解释重在对自变量和因变量之间关系的解读。在分析工具上,也存在差异性,如结构方程模型常用于解释性理论构建,而偏最小二乘结构方程模型(partial least square-structural equation modelling)擅长做预测。相类似的,机器学习也擅长做预测性分析。

(4)设计理论。设计理论基于功能性解释,功能性解释区别于因果解释,因果解释侧重于分析自变量为什么会引起因变量的变化,而功能性解释旨在说明为实现某一目标,应当采用怎样的方法和技术。设计理论关注方法、技术和原则,以指导人造物(解决方案)的设计,来实现特定的目标。

虽然解释性理论、预测性理论和设计理论之间存在差别,但也紧密联系。解释性理论侧重解释力,解释原因在多大程度上是可信的,即原因是否真的引发结果;预测性理论侧重预测的准确性,即原因多大程度上能引发结果;设计理论的解释更侧重于目的性和有效性,强调采取解决方案或干预措施实现预期目标的程度。解释性理论和预测性理论是设计理论的重要基础,设计理论通过实践检验,可进一步提炼总结,形成解释性理论和预测性理论。

3. 理论的构成

在认识理论的构成之前,可以看几个典型的理论。如临时性组织的基本特征包括任务、团队、时间、情境嵌入性[5]。动态能力包括感知、获取和转化三个维度[6]。迈克尔·波特提出的五力分析模型包括供应商的议价能力、购买者的议价能力、新进入者的威胁、替代品的威胁、同业竞争者的竞争程度五个方面。

理论的核心要素包括以下三个方面:

(1)基于一定假设。现实情况通常模糊、复杂、多样,因此难以被充分认知、理解和表达。一个好的理论既要准确,又要简约,这导致理论不可能涵盖现实情况的所有内容,因此理论形成过程存在一定的假设。

(2)概念。理论需要通过一些抽象概念来描述,如复杂性、信任等。

(3)因果关系。概念之间的直接和间接关联的因果关系(线性、非线性)、时滞效应、反馈回路等。理论要解释某种规律为什么存在。数据和对数据描述并不构成一个完整的理论,因为数据呈现缺乏对因果关系的解释。

此外,理论的内容和边界条件非常重要。内容包括哪些概念,概念之间存在怎样的关系,为什么存在这些关系。边界条件是指概念和关系适用于哪些载体对象,在何种时间和空间情境之中适用,利用理论指导实践时需考虑是否受环境改变的影响。特别是用理论来预测未来发展时,需要充分认识边界条件的变化。常见的理论边界条件有政治背景、文化背景及时空背景等。

理论构建是在特定背景之下发生的,是符合特定背景的规律性认识。边界条件界定了理论何时适用,何时不适用。如计划经济时期的政府投资项目是自建自管,当时的研究结论是否适用于当前市场化管理情境?在传统项目和数字化管理项目中项目经理的胜任力是否存在差异?

通常认为经典理论具有较好的普适性,对边界条件的变化不敏感。

3.2　构念及构念测量

1. 构念的特征

构念和变量是理论的重要组成，界定了理论化的内容。构念是对现象的概念性抽象，在现实中不能被直接观察，是为特殊的科学目的而有意识地创造的[7]。相对的，概念是对观察中特征、属性或特点等的抽象描述[8]。构念是一种认知上的描述，用来抽象化提炼观察和经验，构念需要用一些测量指标对其进行测量，进而形成变量。构念作为一种科学交流的工具需要明晰[7]，从其定义、边界条件、情境以及与其他构念的联系等方面进行刻画。

1）定义

定义中需明确考虑现象的本质和特征。研究中要保持概念（构念）定义的一致性，这样得出的研究结论可以进行交流和对比。如信任、项目绩效的定义一致时，研究结论之间才能进行比较，研究和实践领域才能进行有效的交流，知识才能有效传播。如在项目管理领域，项目成功的定义是非常多样的，必须做清晰的界定。如 Baccarini[9] 提出项目成功包括产品成功和项目管理成功。项目管理成功是指：满足进度、成本、质量目标；保证项目管理过程的质量；满足利益相关者中关于项目管理过程的需求。产品成功包括满足业主的组织战略目标、满足用户的需求、满足利益相关者中关于产品的需求。如图 3-2 所示。

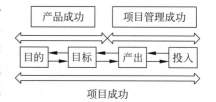

图 3-2　产品成功、项目管理成功与项目成功三者之间的边界[9]

2）边界条件或情境

与自然科学领域的研究相比，管理研究的对象处于特定的边界和情境条件。概念（构念）的形成依赖于特定的情境，对情境条件（如空间、时间和价值）较为敏感[10]。如《战争论》中所述"在战术上使用手段时离不开相应条件。有些条件是战斗必不可少的，它或多或少会影响战斗产生的影响，因此在使用军队时必须考虑它们。这些条件是地形、时间与气候"。例如，在项目管理目标体系中，质量目标取决于一定的范围条件和情境。如针对咨询服务项目和实体交付项目，其质量内涵存在差异，难以沿用一个通用质量测量指标。

3）和其他构念的相互关系[7]

多个概念（构念）共同构成理论，每个概念（构念）或变量在理论中承担特定的作用，如核心现象、前置条件、结果、调节或中介。如需要将项目成功和项目管理成功、产品成功等进行综合比较，找出其逻辑关系，进而有助于凸显出不同概念（构念）的特征与区别。

2. 构念测量

1）测量的重要性

构念呈现出抽象形态，在现实中难以被直接观察，因此在研究过程中需要对其进行有效测量后才能进行分析。如果构念无法被测量，则无法进行分析，所得的结论也不可信，进而影响学术交流，对实践启示也会带来极大困扰。

（1）测量的多样性

构念存在多种可能的测量方式。例如，BentFlyvbjerg[11]和 Peter Love[12]对重大工程成本超支进行了激烈争论，而其争议核心问题之一是成本超支测量的问题。虽然成本超支是实际成本超出计划成本的数量，但其基线存在差异，Bent Flyvbjerg 主要针对估算的超支，Peter Love 讨论中标合同价的超支，两者对超支的内涵定义和测量不一样。此外，机器学习等工具也能呈现更多样的测量方式，如通过视频、图片、文本、语音等数据进行测量。

（2）测量的不完备性

实证测量存在不完备性。理论构念的测量与实证研究中包含的内容并非完全一致，理论构念的测量可采用多种测量方式，测量指标与理论构念之间存在一些偏差，如图 3-3 所示。

2）测量的过程

构念存在概念化和操作化的过程（如图 3-4 所示）。概念化是对构念关键特征进行理论化定义的过程，属于抽象、理论化层面的定义[14]。操作化是概念化的进一步延伸，主要是指将概念化的定义联系到具体的测量工具。由于可以通过多种途径来测量同一构念，应保持概念化、定义、测量之间的吻合性和一致性。

操作化过程可采用演绎或归纳推理。演绎指从抽象化的概念开始，然后执行测量的过程，最后用实证数据来测量；归纳是指从实证数据开始，然后形成抽象化的概念。两者之间遵循的顺序和逻辑存在差异。在研究中，研究者可以开发新的测量工具或直接使用已有测量工具。

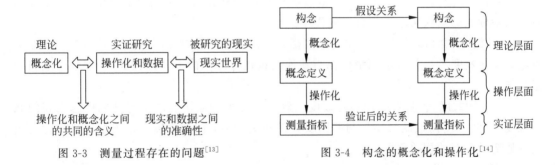

图 3-3 测量过程存在的问题[13]　　　　图 3-4 构念的概念化和操作化[14]

3）量表开发

通过概念化、操作化和测量可以将研究和现实进行有效的连接。量表用于呈现构念的强度、方向、水平等。量表指标可分为反映型和构成型，两者对测量和数据分析要求存在差异性（如图 3-5 所示）。

3. 变量测量的评价

1）信度

信度是指在相同条件下，测量结果可以不断地被重复，采取同样方法对同一对象重复测量时，其所得结果相一致的程度。例如测量"宿舍满意度调查"，同一个人相隔 3 天，问同一个问题，如果得到的结果是第一次为 A、第二次为 B、第三次为 C，则说明信度较低。

信度评价一般包括：

（1）稳定性。稳定性是指同一被测对象在不同时间测量结果的一致性程度。

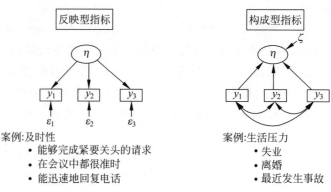

图 3-5　反映型与构成型指标的对比[15]

（2）评分者信度。评分者信度是指多个被测对象的测量值的一致性程度。

（3）内部信度。内部信度是指测量指标之间的一致性程度，测量指标针对同一内容，即指标之间具有较高的正相关。

2）效度

效度是指对变量的实质性测量，测量工具能够准确测出所需测量的对象。如"用数学考试来测试小学生的数学能力"，小学生识字和理解能力有限，这会影响测试效果，因此效度较低。

效度评价一般包括：

（1）表面效度和内容效度。表面效度衡量测量指标在直观上的有效程度；内容效度衡量测量指标实际反映构念理论含义的程度。

（2）聚合效度和区分效度。聚合效度衡量不同测量指标测量同一构念时的相似或相关程度；区分效度衡量某特定测量指标与其他测量指标之间的差异性程度，如测量信任与测量承诺。

（3）效标效度、预测效度和同时效度。效标效度衡量某构念测量与其他构念之间的联系程度，预测效度衡量测量指标与其因变量的相关程度；同时效度可以衡量测量指标与当前其他变量存在的相关程度。

3）测量的层级和时点

对于测量层级需要区分：

（1）分析的层级。分析的层级是指进行研究和理论解释的现象所处的层级，如常见的微观、宏观等。

（2）分析的单元。分析的单元是指研究所测量对象的单位，如个人、群体、组织、社会等。分析单元决定了测量变量的单元，以及进行解释的单元。分析层级与分析单元具有一定的对应性。

（3）观察的单元。即获取数据的对象单元，如对个体进行访谈和针对项目经理发放关于项目层面的问卷，其观察单元分别是个体和项目经理。

测量时点方面需要注意以下几个问题[16]：

（1）什么时点测量自变量。

（2）自变量的测量是不是稳定？如测量一个项目参与方的信任程度，在项目不同时点进行测量,其信任程度会存在差异。通常在项目开始的时候信任程度比较低,随着项目进展,大家熟悉程度增高,信任程度增加。

(3)什么时点测量因变量。如施工安全绩效的指标测量有一定时滞性。再比如项目成功在每个时点测量的内容可能存在差异:①项目成功是指交付阶段的进度、预算、范围、质量等方面的成功;②项目所有者成功是指实现价值和实现商业计划;③项目投资成功是指投资回报和总体成功。

3.3 理论中的解释

因果解释是理论的核心部分,因果解释用来支撑理论中的变量之间的关系如何产生。如果理论仅描述既有现实,但缺乏对其内在机理的解释,则该理论是不完整的。描述性理论可做描述性推断,但难以形成因果解释。如某研究发现某地政府处理建筑垃圾的效率比其他地区高,该研究结论属于描述性说明。因果解释方面需要进一步解释为什么存在这样的差异,以及引起差异的原因等。

简单理解是,理论描述了自变量和因变量之间的关系,并能解释为什么存在该关系。实践中人们容易找到两个现象之间的某种关系,但如何针对两者之间的关系进行解释则难度较大。因为很难直观观察到因果关系的存在,常见的是观察到两个相关联事件的发生。

以水加热沸腾为例,水加热沸腾的现象伴有水蒸气和大量底部上升气泡,加热和沸腾两个现象之间存在联系。但这要能成为一个理论,还需要能有效解释。从热力学定律的角度解释,高温向低温传热,水在加热过程中,分子运动速度加快,分子间的距离增大。水的饱和蒸汽压与大气压恰好相同时,水开始沸腾,如图 3-6 所示。

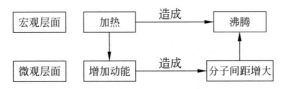

图 3-6 宏观层面的因果关系和微观层面的因果解释

3.3.1 因果解释

1. 方差解释

方差解释也称为概率解释,社会科学领域的理论常基于概率关系,因此社会科学领域的理论需要反复对不同样本进行测试。方差用来度量随机变量和其数学期望(即均值)之间的偏离程度。统计中的方差是指每个样本值与样本均值之差的平方值的平均数。相关系数是为了描述两个变量是否存在共同改变的关系,如 X 的方差是 $A+C$,Y 的方差是 $B+C$,C 的部分称为 X 和 Y 的协方差,如图 3-7 所示。

C 越大,相关系数(r)越大。r^2 便是 C 与 X 和 Y 的方差之和的比率。例如 X 和 Y 的 $r=0.6$,X 有 36% 的方差是 Y 的方差。如果 C 的比重越大,X 和 Y 的关系就越密切,说明一个变量的改变会带来另外一个变量的变化。

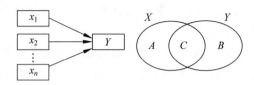

图 3-7　方差解释中方差的示意

$$r^2 = \frac{C}{\sqrt{(A+C) \times (B+C)}}$$

X 和 Y 的关系是概率性的，显著性检验主要用来解决该问题。如果显著，则表明在一定置信度下该相关关系存在。

2. 密尔求因果五法

密尔(Mill)求因果五法是一种获得因果关系的归纳推理，包括求同法、求异法、求同求异并用法、共变法和剩余法。

1）求同法

若所研究的结果出现在若干情境中，只有一个原因是共同的，则这个共同的原因与结果之间有因果联系。如果三个情境出现如下情况：

情境 1：原因 A、B、C，结果 a。

情境 2：原因 A、D、E，结果 a。

情境 3：原因 A、F、G，结果 a。

可以推断原因 A 与结果 a 之间具有因果关系。同时还需注意各情境是否还存在其他共同原因，如果还存在其他共同原因，那么已发现的原因与结果可能是不相关的，可能不是结果的根本原因。情境越多，结论的可靠性程度就越高。

2）求异法

求异法是同中求异。若所研究的结果出现的情境与它不出现的情境之间只有一个原因不同，即在一个情境中有某原因出现，而在另一个情境中该原因不出现，则该原因与所研究的结果之间有因果联系。如果两个情境出现如下情况：

情境 1：原因 A、B、C，结果 a。

情境 2：原因—、B、C，结果—。

可以推断原因 A 与结果 a 之间具有因果关系。使用求异法时，两个情境比较的情况下结论较为可靠。但是求异法要求在两个情境中，只有一个原因不同，其他原因都必须相同，这种要求在自然条件下很难被满足，所以求异法常用于实验。

使用求异法需要注意：①确定两个情境中没有其他差异原因，如果存在另一种差异原因，那么这个差异原因也可能是结果 a 的真正原因；②因为结果的原因可能是复合原因，所以要确定两个情境中唯一不同的这个原因，是结果 a 的整体原因，还是部分原因。

此外，还有求同求异并用法、共变法和剩余法，它们与求同法和求异法共称为密尔求因果五法。

3. 充分必要条件

充分必要条件分析通常存在以下几种情况：

(1) 由 A 可以推出 B，由 B 可以推出 A，则 A 是 B 的充分必要条件。

(2) 由 A 可以推出 B，由 B 不可以推出 A，则 A 是 B 的充分不必要条件。

(3) 由 A 不可以推出 B，由 B 可以推出 A，则 A 是 B 的必要不充分条件。

(4) 由 A 不可以推出 B，由 B 不可以推出 A，则 A 是 B 的既不充分也不必要条件。

定性比较分析(qualitative comparative analysis，QCA)主要是基于充分必要条件，通过结果(Y)集合和条件(X)子集之间的覆盖程度去衡量因果关系，而不是统计推断的逻辑。定性比较分析可以呈现"非对称因果关系"，某结果的出现(Y)与不出现(非Y)可能由不同的条件原因所致。Peer Fiss 的案例中分析了效率、创新、环境和科层与高绩效的表现(如表 3-2 所示)。

表 3-2　QCA 分析结果示例

结　　论	充分必要条件分析
效率→高绩效	效率是高绩效的必要和充分条件
效率 · 环境→高绩效	效率是高绩效的必要但非充分条件
效率＋创新→高绩效	效率是高绩效的充分但非必要条件
效率·环境＋创新·科层→高绩效	效率是高绩效的既非充分也非必要条件

注：·表示逻辑关系"或"；＋表示逻辑关系"和"。

4. 图尔明模型

图尔明(Toulmin)模型包含六个要素："三主"(主张、资料、理由)和"三副"(限定词、反驳、支援)，如图 3-8 所示。方差解释、密尔求因果五法、充分必要条件分析等侧重分析因果关系，但仍难以形成具体的解释，图尔明模型可提供具体的因果解释。

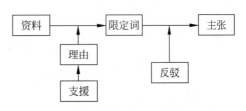

图 3-8　图尔明模型的"三主"与"三副"

图尔明模型的"三主"包括：

(1) 主张。主张是指个人提出的观点和论断。

(2) 资料。资料或称为数据和依据等，是指现象、事实、记载、实验数据等，用于支撑主张。

(3) 理由。理由是资料和主张之间的桥梁，说明资料如何支撑主张。在引入理由时存在两个问题。首先，理由是否以一个合理的方式进行连接；其次，理由是否有理论原则；进一步的，图尔明引入了支援。

"三副"包括：

(1) 支援。支援是理由的补充成分，使理由更为充分，增强论证的信服程度。

(2) 反驳。反驳即主张不能成立的情况，用以削弱论证效果。

(3) 限定词。限定词用于限定主张成立的一些条件，如可能的，基于某些条件的。

资料在研究中主要指数据，资料为主张提供了必要但非充分的条件。理由提供了原则和准则来连接数据和主张。

此外，也存在多种支援类型，如 Ketokivi 和 Mantere[17] 认为在研究过程中支援可包括

推论支援、解释支援、情境支援、过程支援等,如图3-9
所示。

研究者将图尔明模型用于天气预报[18]：

（1）资料：天气预报说北方地区明天要降雨。

（2）支援：据气象卫星云层分析。

（3）理由：A地属于北方地区。

（4）限定词：估计北方大部分地区降雨概率
为95％。

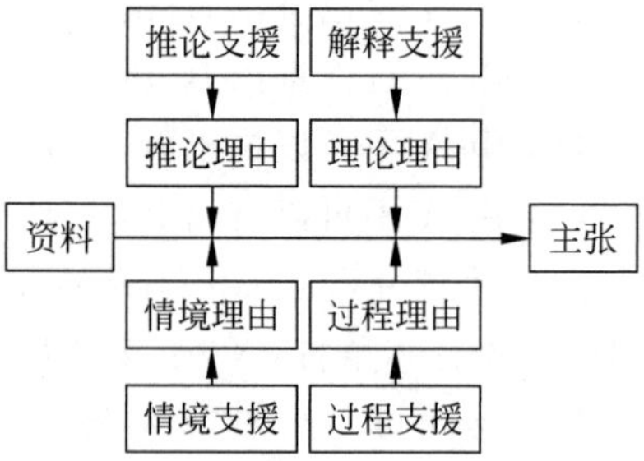

图 3-9　图尔明模型的支援类型[17]

（5）主张：A地明天会有95％的降雨概率。

（6）反驳：除非A地受到地形、地貌或新的冷、热空气的影响。

管理学研究中,也有研究者尝试采用图尔明模型[17]。研究者在对家庭护理提供者的任
务分配进行优化时发现,可以选择有效利用家庭护理提供者的交通时间,或有效利用他们的
工作安排。前者基于的推理是有效的时间安排能提高效率,因此提出的措施是连续安排附
近的任务。后者更强调工作任务的有效安排,即在高峰期仅安排紧迫性的工作。作者分析
后者对于提高生产效率而言更为重要,因此提出的措施是将非时间紧急服务转移到非高峰,
从而平衡各时段需求[19],如图3-10所示。

图 3-10　图尔明模型在家庭护理任务分配案例中的分析示例

3.3.2　功能性解释

功能性解释主要针对事物的功能存在进行解释,如：鸟为什么有翅膀,肾脏的功能是为
了消除代谢过程中的废物。Simon[20]认为功能性解释是设计科学中采用的,用于解释一个
系统的内部环境是在其所处的外部环境中运作需要的必要结果。

功能性解释是指某一人造物 P 在更大的环境 S 中,形成一种结果 B。其解释的逻辑
是：① P 在 S 中存在；② P 在 S 环境下有一个倾向产生；③ P 在 S 环境中存在,因为它有
一个倾向能产生 B。设计的作用是逐渐地连接 P 和 S 的过程[20]。总的来讲,功能性解释
用于说明一个系统的特征是实现某一目标的必要条件。

Simon[20]举例提到北极大量动物的皮毛都是白色的,其解释是白色在北极的环境中更
加容易隐藏。与一般的自然科学解释不同,这是一个从功能和目的角度提出的解释,因为这
样的颜色在北极这种环境中更容易生存。功能性解释是从一个更大的环境进行分析,比如
北极。因此利用功能性解释需要对上层系统做详细说明。

研究者也区分了永久性功能性解释和条件性功能性解释。前者不考虑具体条件或时间
条件约束；后者需要考虑一定的条件约束[21]。

3.4　设计理论

1. 设计理论的来源

设计理论是关于问题空间和解决方案空间之间抽象的因果联系。设计理论可直接用于指导解决方案的设计。设计理论描述在某情境下,为了实现某目标,应当采用怎样的干预措施[21]。通常描述性理论、解释性理论和预测性理论可作为设计理论的基础,通过设计导向形成设计理论,如图 3-11 和图 3-12 所示。

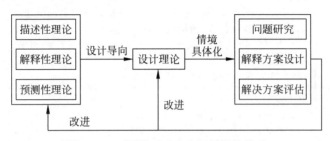

图 3-11　不同类型理论之间的转化关系

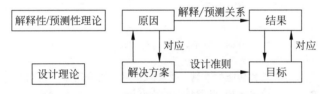

图 3-12　不同类型理论之间的对应关系

这些理论相互之间存在如下区别和联系:

(1) 陈述方式上有区别。设计理论侧重于预期结果的实现,主要阐述应该采用什么样的干预措施来实现某一目标。

(2) 设计理论涉及改变现状,而非描述现状是什么。设计理论关注实现某一预期结果的效率和效果,探究如何实施干预措施,以及实现结果的程度。

(3) 设计理论提供功能性解释,与实证主义的概率解释(如采用抽样调研)或者演绎解释有所不同,设计理论考虑为什么解决方案包含某些特征(why),以及怎么(how)设计解决方案。

(4) 设计理论是对多个理论(包括描述性、解释性和预测性理论)的整合。常会用一个或多个理论的集合来形成某解决方案,以实现某特定结果。

(5) 描述性、解释性和预测性理论是设计理论的基础,设计理论基于解释性或预测性理论提出解决方案来实现某特定目的。设计的解决方案实施后,进行评估和研究以产生新的描述性、解释性和预测性理论。

虽然可以对理论进行不同形式的转化,但其内涵和基本属性是不变的。正如《整顿党的作风》提到"真正的理论在世界上只有一种,就是从客观实际中抽出来又在客观实际中得到了证明的理论,没有任何别的东西可以称得起我们所讲的理论。"

2. 设计理论的表述

1）设计理论的构成

典型的设计理论包含多种类型（见表 3-3）。

表 3-3　设计理论要素的比较

领　域	要　素	参 考 文 献
信息系统设计理论	（1）针对产品：核理论、元需求、元设计、可验证的假设； （2）针对过程：核理论、设计方法、可验证的假设	文献[22]
信息技术的设计科学产出	四个要素： （1）构念：对现象的概念化，用于描述和刻画现象的概念； （2）模型：描述任务、情境或人造物； （3）方法：描述如何实现某一目标而需要执行的过程活动； （4）实物：实物化的实施，设计的实物	文献[23]
设计理论联结	五个要素： （1）目标； （2）环境； （3）备选设计理论； （4）设计联结：联结目标、环境、设计理论与设计方案； （5）设计方案	文献[8]
信息系统设计理论	八个要素： （1）目标和范围：如元需求、目标、外部环境； （2）构念：潜在的设计想法； （3）形式和功能的准则：抽象的蓝图或架构用来描述信息系统人造物，可能是产品或方法； （4）人造物的变异：对人造物的预期变异； （5）可验证的假设； （6）可辩护的知识； （7）执行的准则（可选）； （8）实物化（可选）	文献[24]
信息系统设计理论	四个要素： （1）实施者为使用者实现某目标，包括目标、实施者、使用者； （2）情境边界，包括边界条件、实施情境、使用者特征等； （3）采用机理 M1、M2、M3 等，涉及不同参与者； （4）原理：设计准则的理论和实践支撑	文献[25]

工程管理设计需要提出设计目标，研究设计假设，设计解决方案，进行解决方案评估。设计成果与工程科学逻辑相一致。

设计理论解释为什么某一要素（如原则）被构建在解决方案中，设计实践主要关注怎么将某一要素（如原则）构建到解决方案中。跟一般的描述性或解释性理论不同，设计理论提供一个关于解决方案构建的规定性理论，同时提供功能性解释来说明解决方案的特征和属性。

综上分析，设计理论包括：

（1）情境。设计理论的边界和假设条件。

（2）因果关系及解释。简化理解是自变量与因变量之间的因果关系，以及该因果关系的解释。

（3）设计理论的具体化。设计理论的具体化体现在设计理论如何指导解决方案设计，需要考查解决方案实现设计理论的程度。

2）设计准则

设计准则（或原则）是设计理论的工具化表述，直接用于指导解决方案设计工作，并用于评估设计成果（见表3-4）。设计准则类似于规范要求，是为了实现预期目标，设计过程需要满足的要求。

管理实践要依照一定管理准则。典型的管理准则有：钱学森提出的"事理"；系统工程中的"统筹兼顾、全面规划、局部服从总体"；合同设计需要考虑效率原则、公平原则等。管理准则较为抽象，用于指导具体管理活动的设计和实施。

表 3-4　设计准则相关的概念

概　　念	领　　域	定　　义	参 考 文 献
设计准则	教育	如果要设计干预措施 X（在 Z 情境下为了 Y 的目标或功能），可以采用具有 A、B、C 特征的干预措施，通过 K、L、M 等流程，基于 P、Q、R 等主张	文献[26]
技术性规则	管理	如果需要在 Z 情境下实现 Y，那么采用行为 A 是有帮助的	文献[27]
形态和功能的准则	信息系统	用于描述一个信息系统人造物的抽象蓝图，作为一种产品或者方法和干预	文献[24]
设计假设	管理	如果要在 Z 情境下实现 Y，可以用一个通用设计 X，或者执行 X 的行动	文献[28]
设计理论	信息系统	用于构建一个人造物的显性化规定（如方法、工具、形式和功能的准则等）	文献[29]

来源：Gregor 等[25]；Gregory 和 Muntermann[30]；Möller 等[31]。

案例 1：港珠澳大桥营运方案的策划过程中提出四个准则。

（1）根据工程建设及运营管理的特点，遵循"全寿命周期建设管理"和"营运需求引导设计"的理念，以预防性维护为宗旨规范维护，以高效安全为目标指导营运，坚持与工程主体设施结合的原则，合理规划管理架构和管理养护设施布局。

（2）遵循"便于管理、权责明确、响应迅速、服务优质"的原则。

（3）在部门设置和人员配置上，充分考虑未来营运管理需求的可扩充性，遵循"规划超前、阶段实施"的原则。

（4）遵循既要与国际接轨，又要与实际相结合的原则。

案例 2：项目管理知识体系（PMBOK）第七版采用准则导向，提出了 12 个项目管理准则：①管家式管理；②团队；③干系人；④价值；⑤系统思考；⑥领导力；⑦裁剪；⑧质量；⑨复杂性；⑩风险；⑪适应性和韧性；⑫变革。

此外，还有一些概念（如设计规范）与设计准则类似，但也存在差异。设计规范是针对设计所提出的技术要求，是约束设计工作和设计成果的规则。设计规范一般包括总体目标的技术描述、功能的技术描述、技术指标的技术描述，以及限制条件的技术描述等。规范是对设计、施工、制造、检验等技术事项所做的一系列规定。与设计准则相比较，设计规范或规则更侧重于具体规定，如技术参数，定性或定量的技术要求，作为一种技术属性标准。

思考题

1. 试分析设计理论与解释性理论的异同。

2. 在试验环境中，假设可以观察到两个可被测量的变量，并通过分析确定两者之间的关系，试分析如何进行关系的解释。

3. 试分析解释性理论如何转化为设计理论，有哪些注意点。

4. 从设计理论角度分析 PMBOK 第七版的 12 项准则如何指导解决方案设计。

5. 某大桥施工的风险管理体系设计中，风险管理理念包括全员管理、全方面全过程管理、动态管理、实用性。风险管理的原则包括最低合理可行原则；风险必须低于可控水平。风险管理目标包括保证工程质量满足合同要求和负责设计、施工相关规程的要求；安全生产和员工职业健康达到合同目标；建设工期满足合同及政府的实际要求；工程建设成本控制在概算框架内；对外部的干扰最小化并保持良好的公共关系和社会形象；对环境的影响最小化。试分析理念、原则、目标之间的联系与区别。

参考文献和引申阅读材料

1. 参考文献

[1] BETTIS R A，GAMBARDELLA A，HELFAT C，et al. Theory in strategic management[J]. Strategic Management Journal，2014，35(10)：1411-1413.

[2] VAN de VEN A H. Nothing is quite so practical as a good theory[J]. Academy of Management Review，1989，14(4)：486-489.

[3] FELIN T，GAMBARDELLA A，ZENGER T. Value Lab：A Tool for entrepreneurial strategy[J]. Management and Business Review，2021，1(2)：68-76.

[4] MAKADOK R，BURTON R，BARNEY J. A practical guide for making theory contributions in strategic management[J]. Strategic Management Journal，2018，39(6)：1530-1545.

[5] BAKKER R M. Taking stock of temporary organizational forms：A systematic review and research agenda[J]. International Journal of Management Reviews，2010，12(4)：466-486.

[6] TEECE D J，PISANO G，SHUEN A. Dynamic capabilities and strategic management[J]. Strategic Management Journal，1997，18(7)：509-533.

[7] SUDDABY R. Editor's comments：Construct clarity in theories of management and organization[J]. Academy of Management Review，2010，35(3)：346-357.

[8] PRIES-HEJE J，BASKERVILLE R. The design theory nexus[J]. MIS Quarterly，2008，32(4)：731-755.

[9] BACCARINI D. The logical framework method for defining project success[J]. Project Management Journal，1999，30(4)：25-32.

[10] BACHARACH S B. Organizational theories：Some criteria for evaluation[J]. Academy of Management Review，1989，14(4)：496-515.

[11] FLYVBJERG B，ANSAR A，BUDZIER A，et al. Five things you should know about cost overrun[J]. Transportation Research Part A：Policy and Practice，2018，118：174-190.

[12] LOVE P E D，AHIAGA-DAGBUI D D. De-bunking "fake news" in a post-truth era：The plausible

untruths of cost underestimation in transport infrastructure projects[J]. Transportation Research A：Policy and Practice,2018,113：357-368.

[13] BURTON-JONES A,LEE A S. Thinking about measures and measurement in positivist research：A proposal for refocusing on fundamentals[J]. Information Systems Research,2017,28(3)：451-467.

[14] NEUMAN W L. Social research methods：Qualitative and quantitative approaches[M]. London：Pearson,2006.

[15] HAENLEIN M,KAPLAN A M. A beginner's guide to partial least squares analysis[J]. Understanding Statistics,2004,3(4)：283-297.

[16] MITCHELL T R,JAMES L R. Building better theory：Time and the specification of when things happen[J]. Academy of Management Review,2001 26(4)：530-547.

[17] KETOKIVI M,MANTERE S. What warrants our claims? A methodological evaluation of argument structure[J]. Journal of Operations Management,2021,67(6)：755-776.

[18] 李洪强,成素梅.科学中的实用论证[J].科学技术与辩证法,2007(04):40-43＋111.

[19] GROOP J,KETOKIVI M,GUPTA M,et al. Improving home care：Knowledge creation through engagement and design[J]. Journal of Operations Management,2017,53-56(1)：9-22.

[20] SIMON H A. The Sciences of the Artificial[M]. Cambridge：MIT Press,1996.

[21] BASKERVILLE R,PRIES-HEJE J. Explanatory design theory[J]. Business & Information Systems Engineering,2010,2(5)：271-282.

[22] WALLS J G,WIDMEYER G R,ELSAWY O A. Building an information system design theory for vigilant EIS[J]. Information Systems Research,1992,3(1)：36-59.

[23] MARCH S T,SMITH G F. Design and natural science research on information technology[J]. Decision Support Systems,1995,15(4)：251-266.

[24] GREGOR S,JONES D. The anatomy of a design theory[C]. Association for Information Systems,2007.

[25] GREGOR S,KRUSE L,SEIDEL S. Research Perspectives：The anatomy of a design principle[J]. Journal of the Association for Information Systems,2020,21：1622-1652.

[26] VAN DEN AKKER J. Principles and methods of development research[C]. Design approaches and tools in Education and Training,1999：1-14.

[27] VAN AKEN J E. Management research based on the paradigm of the design sciences：The quest for field-tested and grounded technological rules[J]. Journal of Management Studies,2004,41(2)：219-246.

[28] VAN AKEN J,CHANDRASEKARAN A,HALMAN J. Conducting and publishing design science research：Inaugural essay of the design science department of the Journal of Operations Management[J]. Journal of Operations Management,2016,47：1-8.

[29] GREGOR S. The nature of theory in information systems[J]. MIS Quarterly,2006,30(3):611-642.

[30] GREGORY R W,MUNTERMANN J. Research note—Heuristic theorizing：Proactively generating design theories[J]. Information Systems Research,2014,25(3)：639-653.

[31] MÖLLER F,GUGGENBERGER T M,OTTO B. Towards a method for design principle development in information systems[C]. International conference on design science research in information systems and technology,2020,Springer,Cham：208-220.

2. 引申阅读材料

[1] IIVARI J. Editorial：A critical look at theories in design science research[J]. Journal of the Association for Information Systems,2020,21(3)：502-519.

[2] IIVARI J,ROTVIT PERLT HANSEN M,HAJ-BOLOURI A. A proposal for minimum reusability evaluation of design principles[J]. European Journal of Information Systems,2020：1-18.

［3］ SEIDEL S，WATSON R T. Integrating explanatory/predictive and prescriptive science in information systems research［J］. Communications of the Association for Information Systems，2020，47（1）：284-314.

［4］ SUTTON R I，STAW B M. What theory is not［J］. Administrative Science Quarterly，1995，40（3）：371-384.

［5］ VOM BROCKE J，WINTER R，HEVNER A，et al. Special issue editorial-Accumulation and evolution of design knowledge in design science research：A journey through time and space［J］. Journal of the Association for Information Systems，2020，21（3）：520-544.

［6］ WALLS J G，WIDERMEYER G R，EL SAWY O A. Assessing information system design theory in perspective：how useful was our 1992 initial rendition？［J］. Journal of Information Technology Theory and Application，2004，6（2）：6.

第4章

问 题 研 究

问题研究是解决方案设计的前提。本章内容包括工程管理问题初步分析、假设方向生成和筛选、获取信息、分析和解读信息、问题呈现。最后介绍实践问题和研究问题的区别。

📖 学习目标

(1) 掌握工程管理问题研究的步骤。

(2) 掌握工程管理问题研究中假设方向提出的方法。

(3) 理解如何陈述工程管理问题。

(4) 掌握定性和定量的问题原因分析工具和方法。

4.1 问题研究概述

1. 工程管理问题的范围

在工程管理实践中,管理者通常需要先设计(实践中用规划、计划、策划等词)再实施,以实现预定目标。工程管理问题是指工程管理实践中现状与预期之间的偏差,如图 4-1 所示。问题解决是指将现状转换到预期状态的过程。该偏差可能是目前存在的消极的、不能接受的状态,如质量缺陷、进度延缓等,也可能是为实现更高期望,如改进流程以实现更高的效率目标。由于现状与预期之间存在偏差,需要设计和实施解决方案以缩小或消除该偏差。

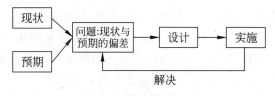

图 4-1　工程管理问题

问题引发解决方案的设计和实施,以最终解决问题。从狭义上看,工程管理设计是实施前的设计。广义的工程管理设计可视为包括识别偏差、提出目标、设计、实施、调整反馈、总结等全过程。

2. 工程管理问题的要素

工程管理问题有以下关键要素(如图 4-2 所示),需要对其进行综合分析。

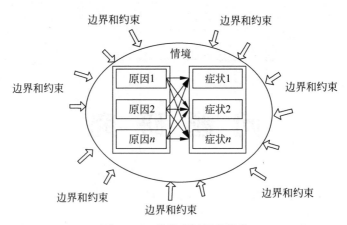

图 4-2　工程管理问题的要素

1）问题所处的情境

情境是指问题所处的制度、社会、文化、时空、对象等外部因素，工程管理问题不能脱离这些情境因素。常见的情境因素可从以下几个方面分析：

（1）情境中存在的习以为常的假设条件。如研究中国事业单位的项目组织问题，其编制、薪酬等情境因素构成了问题所处的假设条件，影响研究结论的适用范围。

（2）问题是由其上层系统提出的需求决定的。如工程的决策问题受企业战略、行业政策、市场发展的影响。上层系统决定了解决方案的价值导向，如德鲁克指出企业的目标是在企业外部。上层系统变化会对问题的定义、解决方案的设计和实施产生直接影响。如路风[1]通过对 2002—2018 年铁路投资额分析发现年度最大增幅出现在 2009 年（比上年增长68.3%），并认为决策层决定扩大高铁建设规模的目的不是针对高铁发展本身，而是针对更高层次的问题，如金融危机后拉动经济增长。

（3）问题所处的载体对象。问题出现在不同载体对象上时，也呈现出差异化的情境条件，如同感冒发生在不同年龄的人群（如小孩与青年）时，治疗方案存在差异。类似的，当工程管理问题出现在不同对象上时，其解决方案的设计和实施存在差异，如重大基础设施和软件项目的质量管理，载体对象存在较大差异。

2）边界和约束条件

边界和约束条件直接影响解决方案设计中各类因素的取值范围。工程管理问题的约束多，并且约束条件本身错综复杂。很多约束条件难以量化和显性化，但又直接影响目标的设定、解决方案的设计和实施。因此，约束条件需要在问题研究中进行重点分析。例如港珠澳大桥穿越了白海豚自然保护区核心区，形成了重要的生态约束条件。为保护白海豚，港珠澳大桥优化建设方案和运营方案，尽量减小对白海豚的影响。如施工方案须服从白海豚保护的环保目标，施工技术、方法、参数等必须满足白海豚保护要求，在白海豚繁殖期（4—8 月）避免敏感、高强度的施工活动。

3）症状/需求和原因

症状/需求和原因是问题的最基本要素。问题的症状体现为现象和可被观察的行为、感受的氛围等，如发热的症状之一是体温异常。症状是存在的现象，与期望相比存在一定范围的偏差，同时也是被原因解释的因素（因变量）。原因是症状或需求存在的内在机理和解释因素(自变量)。有效的问题呈现需要确定症状背后的原因。与症状相对应,需求是期望实现的状态。为实现需求,需要设计和实施解决方案。

医生看病时,通常询问病症,患者可能会回答头晕、浑身无力等,然后医生会安排化验,进而确定问题症状产生的原因。实践中,为确定问题原因需要进行问题研究。例如,哈佛商业评论中刊载的关于乐高的案例发现,2008年的调研数据显示女孩对乐高积木的兴趣不如男孩,乐高玩家中男孩占据85%,并且乐高每次尝试吸引女孩,都未能成功。公司管理者认为女孩天性不喜欢玩积木。但真实情况是乐高尚未找到吸引女孩玩建筑玩具的方法。2012年,在找到真实原因情况下,乐高女孩系列大获成功。

3. 问题呈现的重要性

工程管理问题呈现类似医生的诊断,从症状中明确了病因,以对症下药。问题呈现主要有以下作用:

(1) 促进症状成因的揭示。通过问题呈现揭示症状(或预期)现象背后的深层规律,进而能抓住主要矛盾,设计和实施解决方案以改善现状。

(2) 提高解决方案搜寻的效率。问题的呈现能帮助设计者提高解决方案搜寻的效率,以此来辅助解决方案设计。

(3) 指导解决方案的评估。解决方案评估侧重于评估解决方案如何能有效地解决问题,因此问题的有效呈现将有助于从特定的维度来评估解决方案的有效性。

(4) 凝聚共识。确定了问题能赋予解决问题一定合法性,赋予问题解决团队正当权力。通过问题的呈现,形成对问题的一致性认识,有助于引导资源的聚集和凝聚不同观点,使得大家朝同一方向努力。

4.2　问题分析和呈现的步骤

工程管理问题分析和呈现包括五步(见图4-3):

(1) 问题的初步分析。从问题描述入手,结合已有信息进行问题原因的初步诊断。

(2) 形成假设方向。假设是一种猜测和估计,用于指导信息收集,通过收集信息进而验证假设。假设的方向可能是验证性的,也可能是探索性的。对假设方向的决策包括可以形成哪些假设方向,优先考虑哪些假设方向,并需要在假设方向的产生和选择之间取得平衡。

(3) 收集信息。依据假设方向收集信息。类似于诊察病情资料的方法和手段,如通过望、闻、问、切以获取信息。

(4) 分析数据。引入数据分析方法和理论视角梳理信息,对问题的症状和原因进行学习和分析,有序地组织信息和减少无关信息,以呈现问题。在这个过程中,可能排除了某原因,或引出新的信息收集方向,或验证了某原因。分析数据和假设方向提出之间形成循环过程,直至问题最终呈现。

(5) 问题呈现和定义。

图4-3的过程遵循演绎推理,认为存在假设方向,然后通过收集数据进行验证。在实践中也存在不清楚假设方向的情况,需要通过初步解读以生成假设方向,其中既存在客观推测,又存在主观解读。

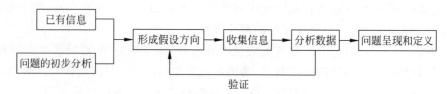

图 4-3　工程管理问题分析和呈现的过程

4.2.1　问题的初步分析

1. 分析边界条件

典型的外部边界条件可从政治、经济、社会文化、技术、环境、法律等维度进行分析。在企业内部，主要依据上层系统的约束来分析边界条件，如企业内单个项目服从项目群的目标引领和资源约束，受制于企业战略要求。

对于总体问题中的子问题，也需要分析其边界条件。当不同子问题间存在关联时，某一子问题的输出可能会是其他子问题的输入。如大桥划分为多个标段，每个标段形成一个子问题，对于子问题，既需要考虑子问题（不同标段）的边界，又需要考虑总体系统的边界条件。

边界条件分析也可以依据是否存在相关信息划分为明确的边界条件、已有方向但没有信息的边界条件、方向未知的边界条件等。对于由信息差异所定义的不同边界，在问题呈现过程中需要采用差别化的应对措施。

2. 分析问题的范围

问题范围是症状、需求和任务对象的范围，类似于项目管理中对项目范围的确定。问题的范围并非边界条件。例如招标中的承发包方式设计中，如果承发包方式需要考虑技术方案是否稳定，则问题范围发生了变化，不仅要考虑承发包方式，还需要考虑技术方案对承发包方式的影响。子问题的范围与总体问题的分解存在关联，对总体问题采用不同的分解方式，子问题的范围及子问题的关联也随之变化。

3. 分析问题的类型

问题类型影响解决方案设计的路径，也影响信息收集和解决方案搜索方式。如解决复杂问题和常规问题所采用的方法和工具有所不同。为提高问题呈现的效率和效果，需要对问题进行有效分类。

从信息维度，问题可划分为充分定义的问题和非充分定义的问题。

（1）充分定义的问题。充分定义来自于两个方面：①从理论和实践能进行充分演绎的问题，即能将实践问题归为某一理论状态；②虽然理论上没有充分的演绎，但通过调研和分析可确定问题的类型。

（2）未充分定义的问题。未充分定义是指原因不能充分解释症状，或者具体问题尚未清楚，对问题的症状解释仍存在一定的猜想等。未充分定义的问题可能是很多充分定义的问题的集合。由于工程实施过程的临时性、独特性、动态性、涉及多主体等，工程管理问题具有新颖性、高挑战性等特征。

问题未能充分定义可能由以下原因所致：

（1）认知的局限。参与主体对问题的认知有限，没有相关经验。具体体现在：问题存在大量不同因素，很多因素不能直接观察；问题涉及很多子问题，问题因素间相互作用，作用结果不能被直接观察；问题呈现需要进行主观判断，缺少客观测量；问题呈现的知识来自不同专业领域，需要跨专业的合作。

（2）缺乏充足的信息用来定义问题。问题要素存在未知或者不确定性程度较高。没有充足信息进行解释和说明。

（3）相互关联因素多。因素之间相互联系和相互作用。如存在多个可能解决方案、多个途径；存在多指标来评估解决方案，评估指标之间存在冲突。

（4）因素的动态发展。某些问题在解决方案实施过程才能被发现，甚至在长时间实施之后才能被发现。

某一总体问题可能是局部充分定义、局部非充分定义的组合。

从信息获取类型上问题可划分为：

（1）事实性问题。如解决工程索赔中是否存在设计变更的问题，针对客观发生事实。虽然个人在主观上有相信或不相信的倾向，但解决这类问题需要寻找客观事实，难以通过主观判断和猜想进行回答。

（2）概念性问题。对于这类问题主要采用概念性推理方式，不需要收集事实性数据。

（3）判断性问题。如能否要求建筑工人疲劳赶工，是否采用绿色施工。对此类问题的研究，既需要事实性证据，也需要从价值角度进行判断。

4.2.2 假设方向的生成和筛选

假设方向的生成是进一步确定问题类型。在充分定义的问题中，假设方向可能是问题类型；非充分定义的问题中需要对问题类型进行判断。假设方向是认识和分析问题的方向。通常可基于理论、实践等方面的信息生成假设方向。假设方向指导信息收集，进而通过收集的信息来验证假设方向是否正确，是否需要进一步调整。

1. 假设方向的生成

医生在观察和检查患者的病史、状况、体征和症状后寻找解释。对于症状，医生通常会推测几种可能的诊断，再做进一步检查。如心理诊断中以症状、征兆或测验、检查为基础，来确定病人障碍类型，以及根据某一疾病、某种病态或者一些特征对病人进行归类。

1）假设方向的类型

（1）验证性假设方向。通过已有信息可以做出初步判断，但需要通过详细信息来进一步证实或证伪假设方向。验证性假设方向是指当前具备一定的信息，可以做出猜测和形成假设方向，根据猜测和假设方向来收集信息以进一步验证或者排除。

如在对某大厦振动事件的原因进行分析时，从四大原因展开验证和排除，包括地下振动源、大楼运营使用时振动、风致振动等外部原因，以及结构累积损伤约束条件变化等内部原因。在针对患者从入院到出院的流动流程优化的研究中，研究者[2]认为可依据生产率改进的两个原则作为问题诊断的假设方向：第一个原则是单位在系统中尽可能快地流动；第二个原则是最大限度地减少所有来源的变化，包括质量、数量和时间。

（2）探索性假设方向。探索性假设方向是指当前信息尚不足，需要收集信息来生成假设方向。在这种情况下，假设方向是初略、大致、探索性的，需要信息来进一步聚焦生成具体的假设方向。如港珠澳大桥的法律问题，在开始阶段缺少明确假设方向，因此第一步工作是对港珠澳大桥项目法律环境进行全面探讨，包括中国法制状态探讨、港珠澳大桥项目特有问题的法律规范状态探讨，基于全面的探讨进一步生成了港珠澳大桥项目可预见的法律问题，这些法律问题分为 5 个大类，31 个问题，64 个细分问题。

2）影响假设方向生成的因素

（1）问题范围和结构。问题结构是对问题范围分解后的描述。问题结构可引导假设方向的生成，即假设方向可根据总体问题或者子问题结构而形成。如港珠澳大桥的招标工作的问题范围，假设方向主要针对招标文件中的要素，其中调研的问题包括：①调研对象对招标模式、标段划分、边界条件等的看法，提出优缺点；②对本次招标项目设计方案的看法；③对本次招标项目的标段划分、工期安排建议；④对主要原材料和设备的取得途径、采购方式和供货保障措施；⑤对大型或特殊施工机械设备的取得途径和保障措施；⑥对合同管理机制、施工界面划分、工作面交接的看法和建议；⑦针对项目特点，提出有关计量支付、预付款、材料调差等方面的合理化建议；⑧就项目外部环境、面临的特殊状况等提出应对措施与协调方案；⑨有关造价信息方面的探讨意见。

（2）设计者的经验影响假设方向生成。如有经验的设计者和新手设计者对假设方向的生成存在较大差异，前者更倾向系统性和整体性，并依赖经验；后者可能更依赖理论步骤。

（3）已掌握信息的程度。信息掌握程度直接影响假设方向的生成。在没有假设方向的情况下，可进行调研以生成信息，进而辅助假设方向的生成。

（4）不同理论视角影响问题假设方向的认识。选择不同的理论视角时，对问题呈现方向有差异，生成的假设方向也不一样。如成本超支的问题，从决策角度可以假设乐观主义偏见带来成本高估，从管理角度也可以假设不同团队之间缺乏信任，扯皮和争执多等。某些问题尚未存在有效的理论来进行解释。因此除理论外，假设方向生成还需要创造力，进行开放性猜想。

（5）目标和使用者的需求。问题呈现和解决方案设计的最终目的是实现目标和满足解决方案使用者的需求，因此，问题假设方向可更注重解决方案使用者的需求，可以将"由内而外"的视角（即解决方案设计与实施视角）转化为"由外而内（使用者对问题解决的需求）"的视角。

2. 假设方向的筛选

假设方向筛选是指对众多假设方向进行分析，以确认符合预期的假设方向。有效的问题呈现取决于能够找到有限、有效的问题搜索空间，从而使搜索过程具有较好的可管理性。

假设方向筛选主要通过分析、甄别等方式确定问题呈现信息收集的先后顺序，进行假设方向的比较，从而有助于形成对问题的系统性认识。假设方向筛选原则主要考虑假设方向的可解释性，即该假设方向对症状和需求最具解释力。其中来源包括：

（1）理论解释。即通过理论层面抽象推演来确定假设方向。

（2）经验层面的解释。经验主要是指比较现有问题与过往经验的相似性。

（3）数据的可获得性。当数据短期内可获得时，可通过已获得的数据进行筛选。

（4）直觉方面。

乐高在早先的方案中考虑乐高玩具向可动人偶和视频游戏方向发展,认为小孩越来越忙,而且被快节奏的电子游戏所吸引,没有时间和耐心来玩老式的积木。因此乐高的假设方向是让产品变得更加炫酷,同时需要孩子付出的时间和创造力减少,但最终结果并未能如愿。后来乐高公司委托研究团队进行了调研,通过几个月收集数据、采访家长和小孩、建立照片和视频记录等,最后发现小孩玩耍的重要目的是逃离被过度安排的生活。这一发现证明之前公司认为孩子们没有时间玩乐高的原因是错误的[3]。

4.2.3 收集信息

获取充分、准确的信息是定义和呈现问题的前提,问题存在往往是由缺少信息或信息过载等所导致。如《反对本本主义》一文中提到"调查就是解决问题"。通过调研能深入了解信息,获得对问题的深入认识。通过信息减少主观判断,尽可能全面、准确地呈现问题。同时,信息调研能提高设计者的认知,提升对问题的认识。

获取信息的流程包括确定假设方向类型、设计调研策略、实施调研。

假设方向类型包括:

(1)验证性方向。为证实某方面原因,搜集关于该原因的所有信息;针对证伪某原因时,则研究否定事例,找到相对应的反例来进行证明。

(2)探索性方向。以初略的方向为出发点,经过获取相关信息来缩小和聚焦探索方向。

针对假设方向确定信息获取策略,如对缺少信息的问题,补足相关信息即可。如医生看病需要测量体温,通过体温计测量并补足相关信息即可。但对于模糊问题,需要组织多学科专家进行会诊。

常见的调研策略包括问卷调查、案例调查、访谈、小组讨论、观察、文档资料。具体内容在第7章详细阐述。获取信息有以下注意点:

(1)被调查对象的选择:①针对关键利益相关者,充分暴露不同利益相关者的潜在利益诉求,有助于对问题形成全面的认识;②邀请局外人参与,有用的建议可能来自对情况有所了解,但并不完全身在其中的人;③选择愿意表达想法的人。邀请参与者表达观点,而非直接给出解决方案;④要了解某些主体的想法,直接对其进行调研,而非调研其他群体的评价,如一线员工的感受,直接调研一线员工,而非通过调研领导来谈他们的猜想和看法。

(2)多种形式信息的获取渠道。如通过访谈、观察、档案、统计数据等,来验证数据的真实准确。

(3)获取信息的弹性。在获取信息时,可进一步调整,形成新的问题,迭代地生成新的假设方向。

(4)相似问题的调研。对过去的经验进行调研与学习,进而将过去的经验和当前问题进行联系,形成对当前问题的理解。相似问题可能来自亲身的经验,或者通过观察和学习他人而得。

(5)对相关理论的分析。

(6)为了避免信息趋同,可以先单独收集信息,再集中讨论。

(7)以目标和需求为信息收集方向。不同的需求和目标所呈现的问题存在差异。如某案例提到两人对是否开窗产生争议:一人是为了新鲜空气,一人不喜欢穿堂风。产生问题的原因主要是两者的需求不一致[4]。

问题研究阶段的调研和解决方案设计阶段的调研可以同时进行。

4.2.4　分析和解读

1. 问题分析

问题分析是指对数据和信息进行解读，建立合理解释。为有效呈现问题，须明确问题类型，厘清有哪些原因及原因之间的关系。例如，中医采用思外揣内、见微知著、以常衡变、因发知受等方式进行病因分析。

问题分析包括原因识别、问题程度和原因重要性分析，或进行问题再解读。

1）原因识别

原因识别是指确定可解释症状的原因（如图 4-4 所示）。原因识别主要遵循从具体到一般的归纳推理、从理论到具体的演绎推理，或两者的结合。

（1）从具体到一般的归纳推理

从具体到一般的归纳推理从具体的观察开始，并依靠对观察之间的比较来推断可能的普适性。

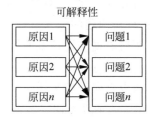

图 4-4　以可解释性连接
问题与原因

具体步骤包括：

① 从假设方向入手，收集数据，进行原因类别总结。

② 比较不同原因类别之间的关系，并与理论框架进行比较。

③ 形成原因解释。

归纳以实际观察为基础，可能存在可复制性较差的问题。不同的研究人员对相同观察可能推断出不同的结论。

（2）从一般到具体的演绎推理

演绎理论始于一般化理论，然后从一般化理论中有逻辑地推导出具体观察。理论可以提供一般性的分析视角。在问题研究阶段，将理论和问题症状与原因相关的信息进行对应，进而可以将问题归到某一理论问题，再进行理论演绎。如对于工程成本超支，可从决策、管理、工程技术复杂性等多个理论角度分析，从不同角度所呈现的问题和原因也存在差异性。

理论层面的推演可以摆脱具体情境束缚，进行抽象化推理。如实践中确认某项目团队存在职能部门和项目经理的双方领导的问题，可以将该问题归纳到矩阵式组织一类理论问题，对问题进行分类后，可通过矩阵式组织相关理论成果进行推演。

采用理论视角认识实践问题可以从结果或原因入手。①从结果入手，如当前存在大量成本超支的问题，如何解决这个问题，需要找其原因；②从原因入手，如信任可以促进合作；③从其他边界条件入手，如理论中的调节或者中介关系。

步骤包括：

① 从初步问题入手，分析潜在可能的理论视角，比较不同理论解释现实现象的有效性。

② 确定问题的理论类别。将问题归纳到理论化的一类问题。

③ 理论层面的推演。在理论层面进行推演，以形成系统性认知。

④ 对比现实。对比理论分析与现实数据的一致性,确定理论分析是否可对现实现象进行充分解释。

如采用组织控制视角进行分析,可初步分析当前问题是否属于组织控制方面的问题。如果当前仍不是很清楚,组织控制理论可作为一个调研的方向。利用组织控制理论可以快速地对现象产生全面、深入的理解,进而确定初步的方向,形成初始的问题。组织控制理论包括行为控制、成果控制、群体控制、自我控制。其中,行为控制是定义和监督实现预期成果的过程;成果控制定义和测量过程及最终结果;群体控制依赖小组、群体来监督自己;自我控制依赖个人来监督和控制自己。不同的控制方式适合于不同的场景:行为控制和成果控制适合于可计划性较高和成果可测量的任务(如图4-5所示),因此可进一步思考当前的问题是否属于任务可计划性较高和成果可测量这一类。如果是,则可以考虑从行为控制和成果控制角度进行问题的分析和诊断。

图 4-5 控制方式选择的影响因素

2)问题程度和原因重要性分析

(1)问题程度

针对不同的问题程度(或需求的重要性程度),即便是同一个原因,采用的解决方案也会存在差异。在医学中,"病症"中的"病"是指对疾病全过程特点与发展规律所作的概括,"症"是指对疾病当前阶段的病位、病性等所做的结论。一般可采用定性或定量方式来确定问题的程度,如采用专家打分的方式,可以确定问题程度,以重要性程度高的问题作为核心问题和需要优先解决的问题。

同时也可选择用于诊断问题程度的理论,如采用项目管理成熟度可以诊断实施项目的能力。典型的如 Kerzner 提出的项目成熟度模型(K-PMMM),软件工程学会的能力成熟度模型集成(CMMI),美国项目管理学会提出的项目管理成熟度模型(OPM3)等。如 CMMI2.0 能力成熟度分为 6 个级别,最高为 5 级。等级越高代表能力成熟度级别越高,0 级表示无法确定工作能否完成,是不完整级;1 级是在 0 级基础上提高,虽有流程但是无序,是初始级;2 级是在 1 级基础上进一步提高,项目有流程,但不是组织统一的流程,每个项目流程都不同,是可管理级;3 级是组织有流程定义,各个项目根据情况可以进行裁剪,是已定义级;在 3 级的基础上,4 级加入了量化技术来客观地度量性能,是量化管理级;5 级则是在量化的基础上强调持续改进,是优化管理级。

(2)原因的重要性

原因的重要性分析旨在找出最关键的解释因素,主要通过比较不同因素的解释力度,识别最具解释力的因素,可以采用定性或者定量的方法。可以从主要原因、次要原因等角度描述原因对问题症状的影响程度。

在改进居家服务的研究中,问题呈现的步骤包括[5]:

首先,问题初步分析:界定问题,即明确各方利益相关者不满的地方,分析通过改进要达到的具体目标。其次,数据收集,综合了多种信息来源,包括访谈、直接观察、绩效分析、系统负载分析、研讨会等。再次,形成症状分析的初步结论,总结出以下 8 个不良影响。

① 生产能力与总劳动能力的比率很低。

② 很多家庭护理都不必要地被安排在上午。

③ 护理人员承受巨大压力，尤其是在高峰时期。

④ 护理人员缺勤率较高时，经常会造成团队能力的短缺。

⑤ 应对团队能力短缺时需要租赁昂贵的外部劳动力。

⑥ 在下午需求低峰期因护理人员的闲置导致组织效率低下。

⑦ 租赁的外部劳动力进一步增加了下午的闲置率。

⑧ 护理人员"被困在团队中"，无法转移到护理人员短缺的团队。

原因分析：试图找出问题之间的关联性和因果关系，对 8 个系统问题进行了如下思考。

① 提出的原因和结果之间是否有直接和不可避免的联系？

② 原因和结果的关系是否可以逆转？

③ 通过所提出的结果是否足以确定所提出的原因？

最后，通过以上步骤，构建了现实树来梳理和呈现问题之间的因果关系，最终识别最核心的问题。深入分析后发现导致不良影响的根本原因是当前安排将目标定为路径优化，为了最小化护理人员在途时间导致将许多非关键性工作安排在上午。

3）问题的再解读

问题的再解读指修正问题的假设或定义，对问题进行重新定义。如对需求和目的进行分析，通过强调需求和目的，设计者可打破常规思维，寻求更多思路。如图 4-6 所示的关于电梯等待的示例。当对问题的解读改变，其解决方案也会随之改变。

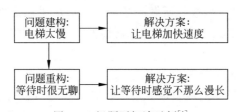

图 4-6　问题再解读示例[4]

原因分析可采用一些成熟的工具和方法，如鱼骨图（见本章的工具和方法部分）。

2. 定性原因识别与分析

1）定性原因的识别

定性原因主要是从信息和资料中整理出原因类别。常见的类别类型包括三种，如图 4-7 所示。

（1）类别与特征的提炼。针对某些具体的现象和事件，提炼一个类别特征。如设备老旧、保养不周、零件老化等可以归纳成机械故障类别。

（2）过程分类。针对发展过程的描述，按阶段进行划分，每个阶段具有各自关键事件。如港珠澳大桥法律问题研究经历了几个阶段，每个阶段都有代表性工作。过程分类可能是线性的、平行的、循环的等。

（3）因果分类。可从原因角度分析实施某一措施带来的影响。如项目开工会带来的影响包括凝聚共识、促进成员熟悉。也可从结果角度分析。如员工离职率高是由哪些因素导致的。因果关系图还存在更为复杂的情况，如采用系统图呈现系统要素的相互影响。

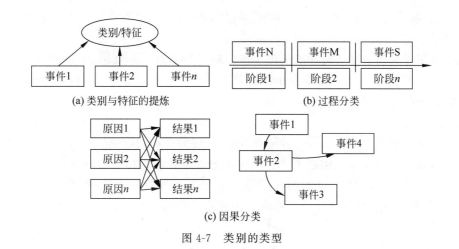

图 4-7　类别的类型

类别信息整理遵循以下规则：

（1）同一层级的描述一致性。如对事件的特征描述中，特征描述方向是一致的；描述某一个阶段的事件时，遵循时间一致性原则。

（2）同一层级排序具有一定的逻辑。如采用重要性差别排序。

（3）不同层级的描述存在逻辑关系。如上一层级是下一层级的汇总表达。

2）原因间的关系分析

当形成一个假设原因之后，可通过数据反复验证。如果发现更多的证据来支持它，解释力就可进一步增强。或与理论解释进行对比。

如果找到相反的或不支持的证据，则可以重新划分，有以下可能重新划分的方向[6]：

（1）对原因类别重新划分

① 放弃类别。放弃从早先数据分析中产生但不具备解释力的原因类别，或放弃其中产生较小影响的类别。

② 融合类别。把两个或多个类别融合，形成更高一层的原因类别，或对类别中相似的原因因素进行整合，形成一个新的因素。

③ 分散类别。把一个类别划分为两个或更多的小类别原因，将原因中难以用一个因素进行涵盖的内容，拆分成多个因素，再进行分析。

（2）寻找类别之间的联系

当找出一系列因素之后，需要对因素之间的关系进行分析。①联系与/或对比类别：对不同类别进行对比，来确定其中是否存在（或不存在）某个关系。②类别排序：可以对原因从时间维度，或者组织关系等属性维度进行排序，进一步分析原因的内在关系和逻辑。

（3）关注矛盾性因素

矛盾性因素可采用以下方法进一步梳理其中的逻辑关系。①针对对立的因素：接受这种矛盾性，进而创造性使用。②空间的分割：将矛盾因素划分到不同层次。③时间的分割：分离成两个时间点的因素。④综合：引入一个新的类别来解决这个矛盾[7]。

3）定性原因识别的工具和方法

（1）现实树

现实树是一种因果图，现实树的建立要遵循若干条逻辑规则。它从"树根"开始，向"树干"和"树枝"发展,一直到"树叶"。"树根"是根本原因,"树干"和"树枝"是中间结果,"树叶"是最终结果。

现实树可分为当前现实树和未来现实树。对于当前现实树来讲,"树叶"是一些人们不满意的现象,"树根"是造成这些现象的根本原因。而在未来现实树中,"树根"是解决核心问题的方案,"树叶"是预期结果。

（2）消雾法

消雾法是指要驱散冲突周围的混淆和含糊,以便清楚地指出哪些是根本原因,并给出解决冲突的方法。Groop 等[5]构建了冲突求解图来理解各利益相关者潜在相互冲突的目标、需求和行为。如图 4-8 所示,虽然两种措施都是为了实现共同目标,但两者基于不同的假设,以至于两者采取的行为存在相互冲突。构建冲突求解图也可能使人们注意到以前没有发现的不良影响。

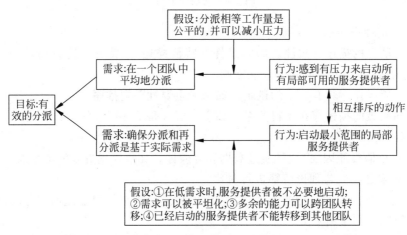

图 4-8　冲突求解图示例

来源：文献[5]。

（3）鱼骨图

鱼骨图是一种发现问题原因的分析和呈现方法。鱼骨图使用的步骤包括：查找要解决的问题；把问题写在鱼骨上；召集参与者共同讨论问题出现的可能原因,并尽可能多地列出原因；把相同原因分组,在鱼骨上标出；根据不同问题征求参与者的意见,总结出原因；针对问题,分析为什么会产生这样的问题；针对问题的原因再追问为什么,如连续五个为什么；当问题深入无法继续进行时,列出其原因。

（4）五个为什么

五个为什么分析法是对一个问题连续以五个"为什么"来发问,以识别其根本原因,虽为五个"为什么",但使用时不限次数,主要是找到根本原因。有可能 3 次,有可能更多。关键是从问题症状出发,沿着原因分析,直至找出根本原因。

五个为什么的发问可以依据一定框架（如人、机、料、法、环等）或相关理论框架。

（5）攀梯访谈技术

攀梯访谈技术依据路径-目的键理论,该理论认为路径是物质的,而物质的属性产生相应的结果,结果又能帮助实现价值,从而达成目的。在路径-目的键中,位于不同层级的属性、结果和价值观就构成了一个链条,从 A(attribute,属性)到 C(consequence,结果),再到 V(value,价值)。而攀梯访谈技术就是在深度访谈中实现从了解受访者对于 A 的认知到挖掘受访者对于 V 的认知的一个过程。

攀梯访谈技术主要通过不断地深入询问,找到属性、结果和价值观之间的关联,从而梳理出受访者的认知结构。这里以实际访谈中的例子来说明攀梯访谈技术的整体流程:

问:你为什么提出把与政府距离的远近作为你的一点不同之处?

答:位置好很重要。

问:你指的位置好指的是什么?

答:学区好。

问:为什么政府和学区有关?

答:因为学校大多集中在政府附近。

问:那会带来什么影响呢?

答:教育资源丰富。

问:为什么这么关心教育资源?

答:我们家有孩子,以后上学多方便,而且又有好多好学校。

问:你对教育的看法?

答:教育十分重要,把书读好能上好大学。

运用攀梯访谈技术得到一个路径-目的链,如图 4-9 所示。

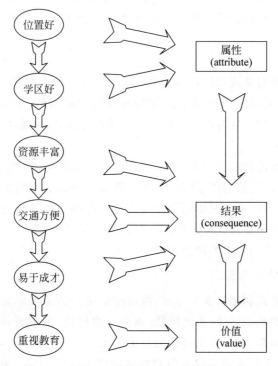

图 4-9　路径-目的链的示例

3. 量化的原因识别与分析

量化识别与分析主要是建立原因和症状之间的量化关系,有以下常见方法:

1) 因子分析

探索性因子分析可以通过定量方式对原因进行一定程度的归类。探索性因子分析可识别出基础因子来解释在一组观察到的变量中体现的相关模式。通常用于数据降维。

主成分分析能将多个指标进行重新组合,形成少数几个相互独立的综合指标。在实际问题中,经常出现变量个数太多,并且彼此之间存在着一定的相关性,不可避免地造成信息的重叠,主成分分析的目的是提取较少的变量。

虽然因子分析可对因素进行一定程度的降维,但难以识别原因对症状的因果关系。

2) 因果和预测分析

常见的因果和预测分析如回归分析、结构方程模型等,用于确定两种或两种以上变量间的定量关系。

回归分析从一组数据出发,确定某些变量之间的定量关系。在许多自变量(原因)共同影响着一个因变量(结果)的关系中,通过建立数学关系式,并对关系式的可信程度进行检验(回归方程是否成立),来判断哪个(或哪些)自变量的影响是显著的。

机器学习算法常用于预测分析。具体思路为在定性分析的基础上确定解释变量,通过机器学习算法,如 OLS、LASSO、随机森林和 XGBoost 等,确定最终解释变量。其确定依据为机器学习模型的预测精度,常以均方误差作为模型预测精度的评价准则。

通过因果和预测分析可以确定原因和症状之间是否存在定量的因果和预测关系,从而进行有效解释。

3) 聚类分析

聚类分析是对观察对象或指标进行分类的统计方法。聚类分析按照变量取值的相似程度,对观察对象进行分类,使在同一类内的观察对象的变量相似,不同类之间的变量存在显著差异。其目的是按相似程度对观察对象给出合理的分类,并确定类别的数量。

4) 评价分析

评价分析是对因素进行综合评价,如层次分析法。根据问题的性质和预期目标,将问题分解为不同的组成因素,并依据因素间的相互关联以及隶属关系对因素进行不同层次的聚集组合,并筛选关键影响因素。模糊综合评价法能较好地解决评价过程中模糊和难以量化的问题。该方法根据隶属度理论将定性评价转化为定量评价,即通过构造等级模糊子集将模糊指标进行量化,从而识别出关键原因。

4. 定性定量相结合识别原因

一般先通过定性方式识别初步的原因,再通过量化分析方法识别原因和症状之间的定量关系。定性分析一般基于访谈、头脑风暴、焦点小组讨论、档案资料等数据收集方式。定量分析主要基于问卷调查、统计数据等数据收集方式。

在关于识别、分析并找到销售线索黑洞的解决方案的研究中,van der Borgh 等[8]从以下三个步骤展开定性和定量相结合的分析:

第一步:探索性诊断。采用面对面半结构化访谈收集数据,使用开放、轴向和选择性编码分析数据,得出问题背景、原因和后果的核心描述。用一个因果图进行可视化呈现,并由利益相关者进行验证。最后得出以下几个重要原因。①许多销售线索"分配给了错误的销售代表"。这些线索要么消失在线索黑洞中,要么被送回营销部门。②问题的出现是由于"领导管理过程中的延迟"。③跟进不力是由于"缺乏线索带来的信息"。这导致了分配销售线索时发生决策不合理和反复试验的行为。④问题的出现是由于"销售团队的低能力"。最终后果是销售人员对营销产生的销售线索"跟进不力",从而导致"客户不满意"和"营销活动投资回报率低"。

第二步:对公司数据进行流程挖掘,以验证探索性访谈结果并探索销售线索管理流程中的其他问题。在数据仓库中,通过提取数据来分析销售线索历史数据。流程挖掘结果表明,销售线索被"分配给错误的销售代表"的频率相对较高,这证实了访谈结论。

第三步:解释性诊断。建立了信息负载(系统中作为查询详情(客户请求)和后续意见(呼叫中心代表)提到的总字数)与潜在客户的销售人员线索跟进的假设关系,并以客户熟悉度、不确定性为调节变量,以分配速度、分配质量为中介变量。采用回归分析,最后发现:

(1)信息负载对销售线索分配质量和分配速度产生负面影响。

(2)当客户熟悉度较高时,信息负载和销售线索分配质量(和分配速度)之间的负相关关系会变弱。

(3)当潜在客户不确定性程度较高时,信息负载和潜在客户分配速度之间的负相关关系会变弱。

(4)销售线索分配质量和分配速度与销售线索跟进呈倒 U 形关系。

5. 问题分析和解读存在的问题

《矛盾论》一文中提出"研究问题,忌带主观性、片面性和表面性"。在问题分析阶段中,容易出现以下问题:

1) 忽视问题研究的某些阶段

在实践中,人们会在没有充分进行问题的陈述和分析情况下,较快地进入到解决方案设计阶段。尽管某些步骤在形式上描述比较简单,或者问题本身不复杂,但略过某些阶段可能会减少发现更好解决方案的机会和可能性。

2) 泛化的归因

泛化归因是指对问题的因果规律认识不充分。如将问题归结于没有数字化转型的能力、领导不支持、招标中出现市场恶性竞争、农民工的职业技能水平低等死循环原因。归因中也常产生时间维度、空间维度或对失败维度的短视情况。如过于关注近期而忽视长远、关注成功而忽视失败因素等。

3) 个人认知的偏见性

记忆在问题解决过程中起重要作用。个体使用记忆对新旧信息进行认知加工,记忆的容量和加工速度都影响问题解决的表现。诺贝尔经济学奖得主丹尼尔·卡尼曼的研究发现个人认知的偏见包括:

(1)代表性。人们对概率的判断容易集中在代表性特征的描述或者自己熟悉对象的描述上。其中存在以下偏见。①对过去概率的不敏感。当有代表性特征存在时,人们容易忽视过去概率;当没有这些代表性特征的时候,人们能更好地使用过去概率来判断。②对样本大小的不敏感性。人们总是判断总体的特征符合任何大小的样本,但实际上在不同大小样本中存在差别。③对可能性的错误认识。④对可预测性的不敏感。人们常常在预测信息不充分的情况下做出直观的预测。⑤有效性的错觉。人们做出判断的信心主要来自某些输入信息的代表性程度（即预测结果和信息代表性的匹配程度），即使这些信息和预测的准确性没有联系。⑥对回归的错误认识。人们通常会从独立的角度来分析某件事情，而忽视了回归中均值的价值。

（2）可得性。人们对某件事的频率做判断时会基于脑海中的已有情况，其中存在以下偏见。①由于某些事件的存储，这个存储主要体现在熟悉程度和凸显性上。②由于搜索对象的有效性，当人们搜索脑海中的信息时，总是最先出现容易搜索到的，但可能不是更为有效的信息对象。③想象性的偏见。人们在探险过程中对风险的估计总是倾向于那些没有充分做好准备的事件。如果有更丰富的描述，人们可能会认为这些探险更为危险。相反，如果危险不容易被想象或者没考虑到，人们反而会低估了某些风险。④相关性的错觉。如果两件事有较强相关性，人们总认为这两件事同时发生的概率更高。容易搜索到一些过去记忆中用于确认该评价的信息，可能会产生选择性的回忆，在解读过程中，可能更倾向于支持一些结论。

此外，针对不同的数据类型[9]，需要差别化对待其偏见性问题：

（1）事实性数据。如项目规模、项目中采用的技术、流程等。

（2）对过去解读的重新回顾。如访谈者提出"当时我认为项目技术挑战性非常大；当时我认为合作方理解我们的意图"。

（3）对过去事件的解读。如访谈者提出"我现在觉得当时可能过于自信"。

对后两者进行验证的难度相对更大，对于事实性数据进行验证较为容易。

4）特定立场

信息提供者站在特定的立场来解释问题时容易带来偏见。如站在部门角度，容易夸大所在部门的贡献，忽视或有意隐瞒部门中的问题。如果被访谈者是项目经理，很少会提及项目失败是由于项目经理能力不够导致的。请被访谈者对一件尚未发生的事做预测和判断时，如推行某种技术的组织障碍，被访谈者也容易夸大对自身的影响。

5）组织层面因素

团队或组织所处的情境（如时间压力、工作负荷、同事的支持等）影响问题呈现。在小组进行问题呈现时，信息来源不同、认知结构不同、各自目标不同都会影响问题的呈现。

对上述问题都需要在问题呈现过程中通过特定的措施进行弥补和解决。

4.2.5　问题的最终呈现

1. 问题呈现的原则

1）通用性

研究的问题可以是一般性问题，也可以是从某特定场景中提炼出的一般性问题，但不宜局限于一个特定场景的特定问题。

2）症状的可解释性

识别和确定的原因能解释问题症状。可解释性体现在能有效地回答"为什么"的问题，具有较好的逻辑一致性。具体体现在：①确定了根本问题和主要原因；②陈述的原因与症状之间联系紧密。

为提高症状的可解释性,也可以借用已有理论进行分析和解释。如果已有理论可有效支持所呈现的问题原因,说明其内部一致性较好;如果已有理论与原因呈现存在不一致,则需要进一步补充解释。

3)适度简化

从实践问题抽象到一类问题时,会将问题进行适度简化,特别是对非主要矛盾、非关键因素等做一些删减和简化。问题呈现要浅显、易懂,有利于进一步分析。

4)严谨的数据链条

数据链条呈现了症状、假设方向、数据收集、数据分析和结论的整个过程及逻辑严密。如涉及假设方向修改,也应呈现具体的修改,如修改时点、对应的措施、修改结果等。

2. 问题呈现的状态

问题呈现包括以下内容:

(1)问题存在的情境、边界条件。问题所处的上层系统的描述,如社会经济环境、组织、时间、空间等。问题所处对象载体的特征。

(2)问题的定义。形成问题类别,问题定义和类别是对问题特点与规律的概括总结。

(3)问题产生的原因。呈现是指对问题进行了定义,并阐述了问题产生的原因。此外,需要对原因之间的相对重要性做说明和定义。

4.3 实践问题与研究问题

研究问题是研究的起点。研究问题的作用体现在定义研究范围、引导研究过程、对研究贡献进行定位、定义解决方案的创新点等方面。

对于实践问题可以通过将其转化成研究问题来寻找解决方案。首先将实践问题抽象成一类理论问题,然后在理论上推演形成一般性的解决方案,最后依据情境形成具体的解决方案,如图 4-10 所示。

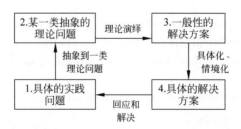

图 4-10 理论问题和实践问题的联系

1. 研究问题的提出

研究问题用于引导研究工作的开展,也是研究最终要回答的问题,确定了研究的当前状态,以及由不足引发的疑问,见表 4-1。研究问题的提出主要基于当前理论的不足。工程管理设计研究的研究问题与理论贡献(见 2.5.2 节)相对应,主要来自以下方面。①设计理论方面。其目的是改进设计理论。需要明确有哪些已知的知识,会产生哪些新知识。②解决方案方面,其目的是改进实践。

表 4-1　创新点与研究问题的提出

	情　境	问　题	理　论　基　础	方案（解决方案与实施方案）
1	新情境	传统（或新）问题	已有（或新）理论	已有（或新）方案
2	已有情境	新问题	已有（或新）理论	已有（或新）方案
3	已有情境	传统问题	新设计理论	新解决方案

2. 实践问题与研究问题的区别

（1）实践问题更为宽泛，而研究问题基于确定的理论视角，通过理论视角来解读问题。如对于实践问题中节能效率不高的问题，可以从决策、多方案选择等理论角度进行研究，这是对实践问题进行理论化认知之后的状态。

（2）实践问题的描述更为详细、多面和动态，没有清晰的边界。对于实践问题可以从很多角度进行解读和分析，但研究问题的提出是为了形成研究结论，产生理论贡献。

（3）研究中解决的不是某一特定企业或项目的问题，而是通用性、一般性问题。

（4）从实践问题到研究问题的转化，需要依据现象和实践，通过抽象等推理进行定义，进行概念化的加工。

思考题

1. 研究问题与实践问题相互联系，如何有效地从实践问题中提炼研究问题？
2. 问题研究过程中需要理论支撑，有效地使用理论对问题解决者提出了怎样的要求？

参考文献和引申阅读材料

1. 参考文献

[1] 路风. 冲破迷雾——揭开中国高铁技术进步之源[J]. 管理世界，2019，9：164-194.

[2] JOHNSON M, BURGESS N, SETHI S. Temporal pacing of outcomes for improving patient flow：Design science research in a National Health Service hospital[J]. Journal of Operations Management，2020，66(1-2)：35-53.

[3] MADSBJERG C, RASMUSSEN M B. An anthropologist walks into a bar[J]. Harvard Business Review，2014，92(3)：80-90.

[4] WEDELL-WEDELLSBORG T. Are you solving the right problems[J]. Harvard Business Review，2017，95(1)：76-83.

[5] GROOP J, KETOKIVI M, GUPTA M, et al. Improving home care：Knowledge creation through engagement and design[J]. Journal of Operations Management，2017，53-56(1)：9-22.

[6] GRODAL S, ANTEBY M, HOLM A L. Achieving rigor in qualitative analysis：The role of active categorization in theory building[J]. Academy of Management Review，2021，46(3)：591-612.

[7] POOLE M S, VAN DE VEN A H. Using paradox to build management and organization theories[J]. Academy of Management Review，1989，14(4)：562-578.

[8] VAN DER BORGH M, XU J, SIKKENK M. Identifying, analyzing, and finding solutions to the sales lead black hole：A design science approach[J]. Industrial Marketing Management，2020，88：136-151.

［9］ KVALE S. Interviews：An Introduction to Qualitative Research Interviewing［M］. London：Sage,1996.

2. 引申阅读材料

［1］ GREGORY R W,MUNTERMANN J. Research Note—heuristic theorizing：Proactively generating design theories［J］. Information Systems Research,2014,25(3)：639-653.

［2］ GUTMAN J. A means-end chain model based on consumer categorization processes ［J］. Journal of Marketing,1982,46(2)：60-72.

［3］ HOANG THUAN N, DRECHSLER A, ANTUNES P. Construction of design science research questions［J］. Communications of the Association for Information Systems,2019,44：332-363.

［4］ STUDER J,DALY S,MCKILLIGAN S,et al. Evidence of problem exploration in creative designs［J］. Artificial Intelligence for Engineering Design,Analysis and Manufacturing,2018,32(4)：415-430.

［5］ VERGNE J P,WRY T. Categorizing categorization research：Review,integration,and future directions ［J］. Journal of Management Studies,2014,51(1)：56-94.

第 5 章

解决方案设计

解决方案设计包括目标设计、设计假设提出以及对解决方案与实施方案的设计。本章主要介绍目标设计、设计假设提出和解决方案的设计。

学习目标

(1) 理解目标——设计假设——解决方案之间的逻辑关系。

(2) 掌握目标设计的原理和方法。

(3) 掌握解决方案搜索与设计的原理和方法。

(4) 掌握利用设计假设来设计解决方案的推理逻辑。

5.1 解决方案设计概述

解决方案设计包括以下三个部分,如图 5-1 所示。

(1) 设计目标。针对问题,提出解决方案的预期目标。

(2) 依据问题和目标提出假设。

(3) 依据设计假设提出解决方案和实施方案。

此外,解决方案设计过程需要一个设计方案作为指导,即如何进行设计。

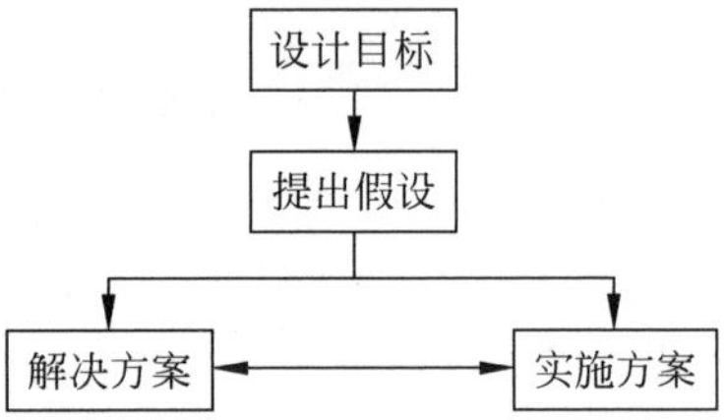

解决方案设计的特点包括:

图 5-1 解决方案设计的内容

1. 开放系统

工程管理受到外部系统的约束,存在于一个更大范围的开放系统当中。正如自然界的生物系统,物种的内在结构、形态特征取决于环境的选择,皆为适应环境的产物[1]。因此,设计者需要一个开放系统视角来设计解决方案。只有从开放系统视角分析,才能判定解决方案是否适应环境以及上层系统的要求。

2. 价值导向

设计解决方案是为了实现特定价值和目标,具有价值目标导向。解决方案的价值目标需要清晰的定义与界定,以满足上层系统提出的需求。解决方案设计首先要满足功能性要求,其次还要满足经济、文化、科技、艺术等价值要求。

出于解决方案的价值目标导向,当涉及使用者和实施主体时,需要对使用者和实施主体进行深入调研。设计者需要站在使用者的角度来体会和感受使用者对解决方案的需求和诉求。对于受解决方案影响的群体和相关者(如工程的拆迁户、噪声污染的被影响者等),要充分考虑他们的利益诉求。

3. 最满意原则

解决方案设计遵循最满意原则,而非寻求最优解决方案。其原因如下:①设计者的有限理性,即设计者对问题和解决方案难以形成完整的认识;②所获得的资料和信息有限;③解决方案是在一定的时间和资源约束下完成的。基于上述考虑,设计者提供其最满意的解决方案。西蒙认为从某种意义上讲,一切决策都存在某种折中,最终选定的解决方案是在当时条件下可利用的最满意解决方案。

4. 迭代性改进

设计过程是一个迭代逐步生成的过程。设计过程既有理性分析又有直觉决策;设计者呈现出有限理性;同时分析工具也不能弥补设计者的有限理性,如表 5-1 所示。

表 5-1 工程设计与工程管理设计的比较

比较的方面	工 程 设 计	工程管理设计
系统的特征	部分开放系统,系统构成充分定义,系统要素相互之间的关系能事先被确定	开放系统,存在可观察与不可观察的系统要素,模糊的系统要素相互关系,不可预测系统要素行为
设计准则与解决方案的关系	设计准则与解决方案呈现出强对应关系; 高度分析性,有精确的数据分析和工具支撑	设计准则在具体解决方案中的对应关系存在不完美性; 分析工具不能弥补设计者的有限理性
设计过程	基于优化的原理	设计是逐步迭代的

5.2 目标设计

5.2.1 目标设计概述

1. 目标的特征

目标是为了解决问题而形成的价值导向,通过目标指导解决方案的设计。

1) 目标是一种预期状态

目标体现了解决方案的总体方向。问题是指现状与期望的某一具体(或某一范围内)可接受条件的偏差,在弥补该偏差过程中,需要设计一个目标,而该目标体现了解决问题的预期结果。在某些复杂情况下,目标状态并非完全已知,只存在一些大的方向,需要在过程中予以明晰。

2) 目标具有方向性和价值属性

目标是解决方案的价值体系,是解决方案设计的基本准则。目标定义的差异直接影响解决方案的设计,如薪酬制度设计的公平、效率、合法等目标为薪酬设计提供了基本准则;招标制度设计为实现公平择优;施工方案设计要考虑可持续性、成本、工期和质量的平衡等。

3）目标会转化成组织责任

目标具有指导性，可以引导组织和个人的努力。如港珠澳大桥主体工程的目标是"建设世界级的跨海通道、为用户提供优质服务、成为地标性建筑"。该目标驱动方案设计、技术标准、管理策划等的实施。一般的工程目标包括功能和质量要求、工程经济效益、时间目标、相关者满意、与环境相协调、具有可持续发展的能力等。

4）目标结构层级性

从系统角度，每一层级都可以视为下一层级的目标和上一层级的输入。下一层级系统的目标实现要回应上一层级系统的要求，下一层级目标的实现成为上一层系统解决方案的输入。西蒙认为行为的整合性和一致性，就是通过这种目标层级系统来获得的。有了这种层级系统，人们就能用一个综合的价值尺度去衡量一系列行为的各个部分。

目标与问题和需求的差异：

（1）目标与问题不同。问题解决需要有明确的目标指向。目标是对问题进行分析之后建立的，针对同一实际问题可设计多种目标，从不同程度、不同方面来解决问题。如为解决两地交通拥堵的问题，可以通过架桥、新修路、拓宽老路等多种可能方案，其中不同方案的目标存在差异。

在实施过程中，常误认为解决了问题就是实现了目标，或者实现了目标就是解决了问题。目标在问题基础之上又增加新的约束条件，如解决问题的资源约束。

（2）目标与需求不同。目标是指将要实现的状态，需求是指可能满足的愿望，两者的范围存在差异。如满足医院对床位扩张的需求而制定的目标，既包括需求转化而来的范围和质量方面的要求，又包括为实现需求所付出的时间、费用方面的约束。

2．目标设计的要求

1）体现上层系统的要求和约束

（1）问题症状或需求作为目标的重要输入。

（2）上层系统的要求和约束。目标设计要体现上一层级系统的要求和约束，如项目、部门层面要体现企业的战略要求；交通基础设施要体现当地经济社会发展需求。任务（典型的如图 1-3 中的项目，如设计项目、施工项目等）作为工程系统之下的具体工作受到工程系统的约束，需要满足工程的总体目标要求，此外还需满足参与主体企业层面的要求。

如某公司对项目定级制度的设计，其目标需要体现导向攻坚（如合同质量差、经营难度大的项目）、导向转型（如变革类项目、新业务场景类项目）、导向价值（如价值区域、客户、产品），这些导向会影响项目定级制度（如指标、权重）的安排。

（3）解决方案的边界条件的限制。解决方案设计面临一定的资源约束。

2）理性、科学的价值导向要求

理性、科学体现在目标设计要遵循工程和工程管理的基本规律，兼顾各方利益平衡、实现公平和效率、全寿命期理念等。需要考虑以下几点：

（1）考虑不同主体的差异性，兼顾多方的利益诉求。设计者、实施者、用户等主体有不同的利益诉求，这些诉求存在矛盾性，需要在目标的设计中进行综合考虑。如重大工程的决策问题涉及地方与部委、部委与部委、地方与中央之间的综合博弈。而且，其中很多利益诉求是一个缓慢的呈现过程，是一个相互博弈的动态发展过程，需要多主体动态决策。

（2）跨阶段性。工程管理问题解决涉及多个阶段,如果前一阶段对后续阶段的任务需求考虑较少,就会带来一系列问题。设计阶段应当考虑使用阶段的要求,以及一定时间范围内的使用功能的调整和变化,在前期决策阶段充分考虑后续的实施和运维的要求。这些跨阶段的影响需要在目标设计中予以考虑。

（3）环境与可持续性要求。考虑可持续发展的要求,如对环境、社会影响等。

（4）处理不同目标之间的平衡。当涉及多个子目标,会存在子目标之间的冲突,因此需要采取合适的平衡措施,以实现目标的总体平衡。

3）目标的充分论证

出于目标的关键性作用,需要对目标进行充分论证。

（1）通常要经历修改、调整和优化的渐进过程。充分融合不同参与主体的观点和诉求。

（2）充分考虑实施的可行性。目标引导解决方案设计,合理的目标要具备可实施性,如充分考虑资源的约束和匹配。针对不同类型问题的目标设计存在差异。如对于常规性问题,可采用具体化指标,因为可以用过去的经验作为参考;但对于新颖性问题,目标设计会更为抽象,具体的目标反而可能会导致目标偏颇。

研究者在丰田的供应商关系管理中发现,在研发项目中,目标设置较为模糊,在目标实现上需要给予更大的自主权,但是对流程的控制较强。在大规模制造中,目标更为明晰,但是在过程控制中给予一定的自主权[2]。

5.2.2　目标设计步骤

设计者需要针对问题现状、上层战略和约束条件等方面展开初步分析,罗列出相关的目标因素。此外,目标因素的来源也包括理论、设想等。

1. 初步分析

初步分析主要从问题症状和原因、上层战略、需求、约束条件等方面展开,以获得目标设计所需的必要信息。目标因素是期望解决问题的程度,以及约束条件。其中,对问题现状的分析有助于设计者整体把握设计需求;对上层战略的分析有助于设计者了解所处系统的上层环境;对约束条件的分析有助于设计者确定解决方案设计的边界。

（1）问题现状。问题现状分析主要来自问题研究阶段的成果。症状或需求作为目标的重要输入。

（2）上层系统的要求。上层系统是问题的提出者,也是资源的提供者,所以目标需要满足上层系统的要求。

（3）解决方案实施阶段的需求。如潜在使用者、实施过程的阶段性需求,将这些需求前置性地在目标设计当中考虑,体现跨阶段性、多主体差异性的需求。

（4）约束条件。为实现目标所意向投入的资源,如人、财、物等方面的投入计划。

（5）边界条件。外部约束条件、当前市场条件、技术能力、过往类似工程的目标及实现情况等可作为边界条件分析。

（6）理论维度的因素。如薪酬制定理论中需要考虑公平,可持续发展需要考虑绿色、经济、社会等目标因素。

2. 形成初步的目标因素

（1）目标因素罗列。经过初步分析,设计者可对解决方案的目标来源形成一个粗略的认识。在此基础上，对目标因素进行罗列和梳理。

（2）目标因素归类。常见的目标因素包括以下三类。①问题解决程度的目标因素。即直接衡量解决方案成效的目标因素，典型的如功能性目标。②约束性目标因素。包括解决方案的成本、质量、安全等方面的约束性目标因素。③其他目标因素。包括其他各种非约束性的经济性和社会性指标等。

3. 分析目标因素之间的联系

在目标因素归类的基础上进行集合、排序，形成目标体系。目标体系设计是指将总目标分解成子目标，子目标可再被分解成可操作目标，从而形成目标层次，上一层目标制约下一层的目标。

1）目标因素之间存在冲突

当强制性目标与其他目标发生冲突时，例如，当环境保护要求和经济性指标（投资收益率、投资回收期、总投资等）之间产生冲突时，首先满足强制性目标的要求。强制性目标因素之间存在冲突时需要对方案进行优化。

当目标因素之间有冲突时，若目标因素为定量因素，则可采用优化方法；若目标因素为定性因素，则可通过确定优先级或定义权重来进行冲突分析。在目标体系中，总目标优先于子目标，子目标优先于可操作目标。

当各类目标因素之间存在冲突时，应保证取舍标准的一致性。在目标因素确定时不能排除目标因素之间的冲突，但在目标系统设计时，须解决这个问题。

案例： 通过对所有不良影响的分析，研究者发现某系统的核心问题不在于如何运行，而在于设计系统时所依据的规则和假设。当前的系统将路径优化作为首要目标，研究者认为这样不合理，因此，研究者将系统的总体目标设定为优化护理人员分配，该总体目标包括路径优化和生产力优化两个子目标，但这两个子目标之间存在冲突，基于此，研究者在设计改进方案时必须确定这两个子目标的优先次序[3]。

2）主体利益调节

目标需要照顾到各主体的利益和诉求。许多目标因素是由不同主体提出来的，目标设计须兼顾各方利益。主体利益调节既要符合总目标，又要照顾到各主体利益。

3）目标的层级

一般目标可包含三个层次：

（1）总目标。具有普遍适用性。工程的价值体系在目标层包括功能和质量要求、工程经济效益、时间目标、相关者满意、与环境相协调、具有可持续发展的能力[4]。

（2）子目标。子目标是由总目标导出的。它仅适用于某一方面。

（3）操作目标。操作目标确定详细构成。操作目标与解决方案直接相联系。

4. 定义目标体系

定义目标体系是对目标的描述和说明。目标体系中，层次越高，抽象性越强，越具体的目标越聚焦。目标应尽可能简洁易懂，在实施过程中产生共鸣。目标也需要透明公开，促进共识的形成，以引导决策、计划和控制活动。

以港珠澳大桥建设目标为例，其目标包括了"建设世界级跨海通道、为用户提供优质服务、成为地标性建筑"三个方面。

（1）建设世界级跨海通道是指在设计和建造阶段，立足功能又超越功能地对技术、管理、景观、文化和风险控制等诸多方面的综合集成。采用国际上先进理念，并整合中外顶级设计及咨询团队来进行项目管理及设计，以确保港珠澳大桥设计使用寿命达到120年。建设管理过程及工程产品本身均应具有国际影响，在管理思想、设计技术、施工技术、产品品质、现场管理等方面均达到国际水准。

（2）为用户提供优质服务是指通过高品质建设、高水平维护和保养，确保港珠澳大桥拥有完善、舒适的硬件系统；通过建立经ISO认证的标准化管理制度及工程流程，为用户提供及时、舒适的软服务；营运过程中通过持续改进，完善硬件及软件。

（3）成为地标性建筑是指在功能概念、地理概念、行业概念和心理概念上均成为地标，使得大桥具有独特的历史、文化和美学价值。功能上，港珠澳大桥具有独特性和唯一性。地理上，大桥将成为伶仃洋海域的建筑主角。行业上，大桥将成为含公路、桥梁、铁路等大建筑行业的行业品牌和名片。心理上，大桥是中国三十年改革开放后大国崛起的标志之一。

常见目标体系设计的问题有：目标不能有效支撑上层系统的要求；目标制定过程中没有充分沟通，未对目标达成共识；目标设置过于模糊，难以在过程中进行跟踪和反馈。

5.3 设计假设

5.3.1 设计假设的定义和作用

1. 定义

设计假设是设计理论的假设和猜想状态。在一定约束和情境条件下，设计者通过设计假设来指导解决方案设计，进而实现预期目标。经过验证的设计假设形成设计理论，如图5-2所示。

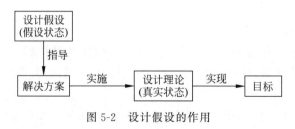

图 5-2　设计假设的作用

1）设计假设的属性

（1）存在于一定情境和约束条件之下。

（2）体现了干预性机理。

（3）具有目标导向。设计假设作为连接目标和解决方案的桥梁。

（4）指导解决方案的搜索和设计。解决方案设计是一个联系已知，探求未知，寻求实现目标的可能，以及不断迭代的过程。在解决方案设计之前，设计假设提供了一个搜索方向。

2）设计假设与研究假设的比较

设计假设类似于实证研究中的研究假设,但作用不同：

（1）设计假设提供了一个解决方案搜索和设计的方向。设计具有生成性,在搜索和设计过程中,会对设计假设进行调整和修正,这点区别于实证研究的研究假设,实证研究中的研究假设只为证伪。

（2）同时设计假设也区别于质性研究提出假设的过程,提出设计假设之后,需要进行验证和发展,这是一个从假设到数据,再到理论的过程,但是质性研究中,研究假设是基于数据的归纳推理而成。

设计假设是一种规定性的描述,提供了关于该怎么做的指导。其表达方式是在某情境下,采用了某措施能够实现某目标。

设计假设可通过以下方面进行评价：

（1）设计假设须有清晰的目标导向。

（2）一个好的设计假设能有效指导决策和做出选择,并且是可执行、可操作的。

（3）设计假设是可被验证的。设计假设实现目标的程度和效果可以被评估和验证。

（4）设计假设可指导不同情境下的解决方案设计,解决方案针对具体的情境,设计假设针对一般性规律。

（5）不同设计假设之间存在区别。设计假设 A 与其他假设的区别的关键在于设计假设 A 关于措施和目标的定义,以及措施实现目标的解释机理。

设计假设有多种形态,下面介绍目前常用的两种形态：CIMO 框架、元需求与元设计。

3）CIMO 框架

设计假设可以描述成 CIMO 框架[5]。CIMO 框架包含四部分内容[5]：

（1）情境（context）。情境指解决问题的背景条件和约束等。

（2）干预（intervention）。干预措施是具体的解决方案。

（3）机理（mechanism）。机理是指干预产生的作用形式,解释为什么这些干预能发挥作用。

（4）结果（outcome）。

案例 1：JIT 用于汽车组装线的库存成本管理,描述成设计假设是：采用 JIT 是干预措施（I）,库存成本是结果（O）,汽车组装线是情境（C）,机理是 JIT 的组成,比如用看板管理。

案例 2：有一个项目任务,执行者为远程小组,采用面对面动员会的形式来增强集体责任感和奉献意识,目的是建立一支有效的队伍。该案例情境是远程小组（C）；干预是面对面动员会（I）；机理是通过集体责任感和奉献来提升团队有效性（M）；实现的结果是组织有效性（O）。

案例 3：问题情境（C）是通过重新设计术后护理患者的教育流程来实现可持续的流程改进（O）,使用组织学习理论（M）。干预（I）包括与一线护理人员和患者合作,以理解在重新设计术后护理患者的教育流程中所面临的挑战,并开发和测试应对这些挑战的对策,并对理论进行改进[6]。

案例 4：也有研究者采用表格的形式进行陈述（如表 5-2 所示）。

表 5-2　CIMO 框架的示例[7]

情　境	干　预	机　理	结　果
急诊科的过度拥挤导致了显著的绩效问题、高成本和较差的患者治疗效果； 专业人士占主导地位； 高级职员反对初级职员； 以前改善患者流动的方法被认为太抽象； 护士感受到被指责； 一些员工感到失望	I1：联合医护专业人员，使他们朝着改善患者流动的共同目标努力	1. 多样化专业团队之间频繁和非正式的会议； 2. 利用数据来理解问题，使管理目标与专业价值观相一致； 3. 建立持续的对话，专注于追求共同的目标	1. 多个部门专业人员合作，共同实现通过增加患者流动来改善患者体验的目标
	I2：创建一组相互关联的、结果导向的惯例，以促进患者快速和均衡地流动	4. 联合内部和外部利益相关者，发展合作伙伴式工作； 5. 以清晰明确的方式来沟通每个新出现的惯例； 6. 利用中介来触发惯例的成功实施	2. 执行的六个临时性惯例清晰地连接和沟通，有助于实现特定结果目标的行动； 3. 在一天和一周的关键时刻，通过协作让患者出院，腾出床位； 4. 增强患者的流动
	I3：减少输入变化的幅度，使流动更快、更均衡	7. 对有流动护理需要的患者投入额外资源，并将住院限制在那些有过夜医疗需求的患者	5. 住院患者数量显著减少； 6. 提高绩效和节省资金； 7. 提高员工士气及减少员工岗位空缺

案例 5：de Vasconcelos Gomes 等[8]提出了门槛式和敏捷式混合开发过程中的一些设计准则：

① 适应性设计准则。在某情境中相关的外部项目方面不可预测时(C)，混合策略(I)设计中需要考虑使用螺旋式的开发周期、基于风险的权变预案、想法到启动系统等(M)来实现适应性的产品需求(O)。

② 柔性设计准则。在某情境中项目呈现独特性时(C)，混合策略(I)设计中需要考虑跳过或组合阶段和决策点(M)来实现项目定制化的产品开发过程(O)。

③ 快速变化的设计准则。某情境中存在快速变化及不确定的环境(C)，混合策略(I)设计中需要考虑使用快速的试验(M)来加速产品的开发过程(O)。

④ 整合的设计准则。在某情境存在来自不同来源、不同类别的不可预期的资源需求(C)，混合策略(I)设计中需要考虑使用柔性的资源获取和分配机制(M)以在合适的时点提供恰当的资源(O)。

4）元需求与元设计

Walls 等[9]提出信息系统设计理论包括核理论、元需求、元设计、可验证的假设四个组成，如图 5-3 所示。

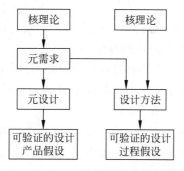

图 5-3　信息系统设计理论框架[10]

（1）元需求定义了设计目标。元需求针对某一类型需求，而非某特定情境下的需求，体现了一定的抽象性及通用性。

（2）核理论是理论基础，用于连接元设计与元需求。

（3）元设计是满足元需求的解决方案。

（4）可验证的假设用于验证元设计是否能满足元需求。

以下用两个案例来说明如何采用元需求和元设计框架来进行研究。

案例1：互联网的在线知识社区的搜索功能通常能较好地找到相关信息，但难以识别有用的解决方案，用户仍需要在搜索结果中阅读每个相关的帖子。因此，研究者设计了一种无需人工干预的，能预测在线知识社区中有用解决方案的机器学习算法。基于的理论基础是知识采纳模型，其中将观点质量和来源可靠性作为元需求。元需求定义了设计目标（信息有用性的各个维度），而元设计则引入一类能够实现这些目标的信息技术（IT）工作。元设计中适当数量的数据、易于理解、相关性、客观性、及时性、精准度、结构、准确性用于实现观点质量；过去的经验、专业知识、信赖程度用于实现来源可靠[11]，具体见表5-3。

表 5-3　某一文本分析系统设计框架

要　　素	说　　明
核理论：解释性理论，指导设计需求	知识采纳模型认为观点质量和来源可靠性是信息有用的影响因素
元需求：一系列的目标	在线知识社区中能用于表示观点质量和来源可靠性的维度
元设计：满足元需求的人造物	构建一系列完整的指标来呈现观点质量和来源可靠性； 设计一个 IT 系统
可验证的假设：用于验证元设计是否能满足元需求	评估 IT 系统能力的假设： 假设 1：采用基于知识采纳模型特征的 IT 系统，在预测信息有效性方面优于传统的文本分类方法； 假设 2：采用基于知识采纳模型特征的 IT 系统，在预测信息有效性方面优于之前研究中采用的基于直觉特征的方法

来源：文献[11]。

案例 2：Sturm 和 Sunyaev[12] 开发的系统性搜索系统中，提出了全面性、准确性和可重复性三个元需求，采用六个元设计（设计准则）来实现元需求，这六个元设计包括多来源、过滤、柔性、语义性等同、透明、可靠，进而形成相关的设计假设。如关于多来源的假设为：考虑在某一搜索场景下，相关的数据分布在不同的来源（问题所处的情境），赋予系统可查询多来源的数据（元设计），可使使用者检索到最全面的样本（元需求），如图 5-4 所示。

2. 设计假设的作用

设计假设为解决方案的设计提供搜索方向，是设计目标和解决方案之间连接的纽带，同时也是解决方案评估环节要检验的对象。具体的，设计假设有如下作用：

1）作为连接目标与解决方案之间的猜想

设计假设是指在解决方案设计之前的猜想和预测，是对未来解决方案搜索方向的猜想，假设是怀疑性的推测。后续通过对解决方案评估对其进行检验。如果被证实了，则形成设计理论。设计理论则是被证实的设计假设。

通过设计假设，有效地连接设计目标和解决方案。可以在过程中修改和调整设计假设，以寻找新的搜索方向。在解决方案设计过程中，可能会存在多个设计假设，来共同指导解决方案设计。

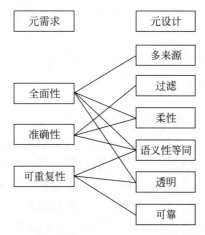

图 5-4　元设计和元需求——以系统性搜索系统示例[12]

2）提供一个搜索和生成解决方案的方向

设计假设是贯穿工程管理设计的主线。如果缺乏设计假设，对解决方案的设计就会很宽泛。设计假设可以作为方案搜索和生成的方向，设计者在这个方向的范围内进行推演。正如《战争论》中所提到，"这些原则与规则，目的是确定思维的基本线索，而不是像路标一样指明行动的具体道路"。解决方案搜索表现为从初始状态到目标状态寻找路径的过程，即两点之间建立一条线路，这两点是问题求解的开始和结果。这一线路不一定是直线，可能是曲折的。由于求解条件的不确定、不完备，搜索和生成解决方案过程中会形成大量分支。

设计假设对设计解决方案的形成产生根本性影响，赋予设计解决方案特定内涵。解决方案设计过程中，应充分体现设计假设。

3）具有理论支撑，并提供理论改进的基准

研究区别于实践的关键是理论贡献。当设计假设在评估中得以证实，可说明设计理论的成立，进而产生理论贡献。通过验证的设计假设形成设计理论，可再指导具体实践。

5.3.2　设计假设的形成

设计假设的提出依托于实践问题、设计目标和理论基础（如图 5-5 所示），其步骤包括：

（1）确定问题解决的情境。

（2）明确设计目标。

（3）确定理论基础，形成设计假设。

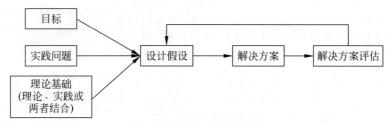

图 5-5　设计假设的形成

设计假设提供了解决方案设计的一个初始方向，设计假设的来源包括如下几个方面：

1. 理论基础

从理论视角对实践问题进行建构，可将问题理论化，进而在理论层面进行抽象的推演，获得可验证的设计假设，然后通过设计具体解决方案进行验证。该过程主要基于一般到具体的演绎推理。

如 JIT 是成熟的理论体系，可用于施工现场管理。从矩阵式组织理论可提出提升矩阵式组织效率的措施，如果实践问题被诊断成为矩阵式组织的问题，解决该实践问题就可以从矩阵式组织的角度进行演绎，获得设计假设，进而指导具体解决方案设计。

理论选择需充分考虑设计假设对目标实现的有效性。如 Groop 等[3] 发现在优化家庭护理提供者的任务分配时，可以选择有效利用家庭护理提供者的交通时间（设计假设①），或者有效利用他们的工作安排（设计假设②）。前者的考虑是有效的时间安排能提高效率，因此提出的措施是连续安排附近的任务。后者更强调工作任务的有效安排，即在高峰期仅安排紧迫性工作。两个设计假设存在差异，最终实现的目的也存在差异。作者分析后者对于提高生产效率而言更为重要，因此提出的设计假设是将非时间紧急服务转移到非高峰，从而平衡各时段需求[3]。

研究中也会采用多种理论的组合来形成设计假设。如 Groop 等[3] 将由四个改进措施组成的解决方案总结为一种结合了约束理论和可变需求库存补充原则的组合创新，并将其命名为"基于需求的家庭护理补充"（见表 5-4）。作者提到干预措施产生了一些非预期的效果。作者最初没有意识到需要实施第三个和第四个干预措施，直到第一个和第二个干预措施产生了效果，影响了边界条件和外部环境。

表 5-4　基于需求的家庭护理提供研究中的理论基础

	理论一：约束理论	理论二：可变需求库存补充	组合理论：基于需求的家庭护理补充
情境（C）	满足地理位置分散和多样化的客户需求，有一些客户需求对时间要求至关重要。运行具有较高的固定成本，满足各种需求可行性较低。高峰时间带来了核心系统约束，影响了护理人员团队层面的劳动力需求	如何管理库存以有效地响应可变的需求	在家庭护理中，护理人员的技能和客户的需求各不相同，并且某些护理时间紧迫，某些不紧迫，在该情形下，护理人员的资源应如何分配
干预措施（I）	干预措施 1 和 2：制订一个减少高峰时间需求的计划，所有计划让位于时间关键型高峰时间需求	干预措施 3 和 4：为大量面向需求的单元建立一个共同的库存缓冲区，以减少对缓冲区的总体需求；根据需求从公共缓冲区向需求单元进行补充	将这四种干预措施组合起来用于家庭护理场景
机理（M）	需求持平意味着需要更少的劳动力，可以在整个轮班期间更有效地利用	在系统（而非团队）层面缓冲生产能力在应对可变需求方面更为有效	专注于时间关键型资源可以实现更有效的团队生产能力管理
结果（O）	提高工人生产效率	在不牺牲服务水平的情况下减少对缓冲的需求	提高接触时间

2．实践经验

从实践经验中获得启示，采用归纳和类比的推理方式促进设计假设的形成。归纳是指从经验中归纳和抽象规律性认识，类比是指针对相似的情况直接借用或者进行一定范围和程度的调整。

3．对未来的认知和推演

实践中也可以以面向未来的视角从认知层面对设计假设进行推演。相对于理论和经验，推演并非对经验的局部修改，更依赖逻辑推理，或基于微弱的已有理论基础、实践、想象，或从相似领域获得启发。

4．混合的多来源

实践中常常混合理论、实践经验和推演。设计假设的提出并非完全基于已有理论和实践经验，需要兼顾一定的想象和创意。

5.3.3　设计假设与解决方案的关系

设计假设与解决方案的连接可以采用演绎推理方式获得，设计假设是解决方案的抽象表达，而解决方案是设计假设的具体化体现。

1．设计假设是解决方案的抽象表达

设计假设是解决方案的抽象表达。一方面设计假设可作为对已有解决方案调整、修改和重新组合的方向。另一方面，设计假设也提供了搜索方向，解决方案搜索的逼近过程存在不确定性，而设计假设提供了相对明确的方向。如薪酬制定中的公平原则包括内部公平、外部公平，这为薪酬制定提供了方向。

2．解决方案是对设计假设的具体化体现

解决方案是对设计假设的具体化体现。设计者需要具有一定想象力来将设计假设融入具体解决方案中。

（1）设计假设与解决方案存在一对一、一对多、多对多的关系。目标—设计假设—解决方案存在严密的逻辑关系。当存在多个设计假设时，解决方案设计过程需要体现多个设计假设的要求。

（2）设计假设的确定性与解决方案的多样性。某一设计假设可针对多种可能的解决方案。如杨冠中[13]举例："传递信息"作为一个抽象的表达，可以通过狼烟、旗语、电报和微信等不同的解决方案来实现。同样地，消除尘土可以具体到鸡毛掸子、拂尘、抹布、吸尘器等人造物和解决方案，并且这些解决方案形态存在较大差异，但都有助于实现同一目标。

通过设计假设来指导解决方案设计时，解决方案与设计假设的关系可类比概念定义→操作化→量表开发→检验测量效度和信度的过程。

（1）首先对设计假设的概念和机理进行定义，界定内涵。

（2）进一步形成操作化，形成可用于操作化的定义。

（3）与测量工作相似，设计解决方案需要充分体现操作化的定义。

（4）对解决方案体现操作化定义的效度和信度进行检验。

同时需要评价设计假设是否体现到解决方案中，有以下评价指标：

（1）解决方案中实现设计假设的程度。从直观判断角度分析，分析解决方案实现设计假设的程度。

（2）解决方案中多个子方案之间在实现设计假设方面是否存在相互制约或互补等。

（3）解决方案与其他解决方案在体现该设计假设方面的区分性。

（4）实施解决方案所带来的特征或属性与设计假设的一致性程度。

（5）解决方案内部结构的一致性可用设计假设进行解释。

5.4 解决方案设计过程

5.4.1 解决方案的搜索

搜索是指在问题空间和解决方案空间寻找相关信息，通过信息促进设计主体对问题和解决方案的认识，从而形成解决方案。解决方案设计依赖不断搜索，在搜索中形成。

问题所处情境、目标和设计假设是解决方案搜索的约束条件和方向。问题所处的情境形成了问题的外部约束。目标和设计假设作为搜索方向。有效的解决方案设计取决于能够找到有限、有效的问题搜索空间，从而具有较好的可管理性。除逻辑和推演等理性分析因素外，解决方案设计也会受想象力、创造力等因素的影响。

解决方案搜索对象是解决方案空间。设计者可能从不完整的解决方案开始搜索，初步解决方案只回答了问题的一部分，或只解决了问题的某些方面。当解决方案与问题越"吻合"，解决方案实现预期目标的可能性越高。当解决方案与问题的吻合度越低，意味着搜索的范围和工作量越大。

1. 搜索的来源

解决方案搜索的来源包括实践经验、未来设想、理论基础三个方面，见表5-5。

表5-5　搜索来源

来　源	描　述	举　例
实践经验（经验层面）	对过去方案渐进性的修改和调整：目标效果导向、约束条件限制	了解以往类似项目的经验 关联行业项目业主 以往类似项目及项目业主
未来推演（认知层面）	未来方案设想：目标效果导向、约束条件限制	收集潜在的建议
理论基础（抽象层面）	对理论的情境化，或对问题的一般化	搜索适用的理论

1）实践经验

对已有经验进行搜索和调研。其中包括以下两点：①对自身经验的搜索。回忆过去的经验，来获得启示以指导当前解决方案设计。②对已有实践的调研。学习其优缺点，基于当前问题的特定边界条件，对已有解决方案进行修改和调整。

解决问题过程中，人们会依据过往经验来构建一个认知模型，当面临类似问题时，容易将问题放置到该认知模型中，设计解决方案过程中，设计者会依据过去的经验来设计解决方案。在使用实践经验方面，存在认知距离和搜索能力两个关键因素。

（1）认知距离

认知距离主要是指在认知上的一致或相似程度。在相似度高的工程中搜索经验称为近距离搜索；如果相似度较小，则称为远距离搜索。

① 近距离搜索。近距离搜索是指搜寻自己熟悉或跟当前问题相似或相关的领域。比如建造大桥时，搜寻相关过往大桥建造的经验。通过近距离搜索，可对已有解决方案进行细微的改进和调整，以满足当前的问题要求。

近距离搜索有以下优势：a 容易获得，设计者有相似的专业社交网络；b 比较熟悉，理解上比较容易。

但也有一些劣势：a 搜寻的范围和宽度受限，可能不是最优的解决方案；b 解决方案的创新程度可能受限，容易局限在一定范围内；c 对于复杂问题，可能存在可借鉴经验少的问题。

② 远距离搜索。远距离搜索是指在认知上距离较远，即设计者搜索不熟悉或接触较少的领域。如港珠澳大桥项目管理策划过程中，对高铁行业、石化行业等进行了调研（如图 5-6 所示）。这些行业与大桥相差较大，但管理者从中也找到了相似的管理规律。

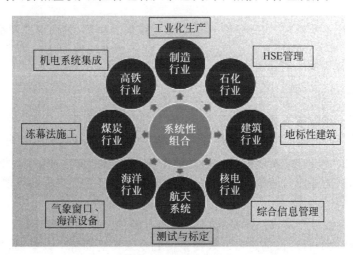

图 5-6　港珠澳大桥管理创新的远距离搜索

（2）搜索能力

与搜索距离紧密关联的是搜索能力，是指能获取相关经验或知识的能力。如在港珠澳大桥招标管理中，对于国内的类似工程，比较容易获得相关信息，招标人的认知距离较短，搜索能力较强。虽然国际上的类似工程的认知距离较短，容易获取背景信息，但相对难以获得技术资料等，这对搜寻能力提出了更高要求。对关联行业的调研存在较远的认知距离，也较难在短期内找到相关信息，如大桥建设的除锈抛光机是通过大桥的分包商搜索到的，因为他们对上下游产业链更为熟悉，如图 5-7 所示。

2）未来推演

跟学习过去经验不一样，未来推演是对未来的认知，主要从目标导向与约束条件出发，受过去经验的影响相对较少。未来推演与实践经验所基于的基础存在差异。实践经验促进学习，而未来推演是一种管理者的认知，以推演为主。

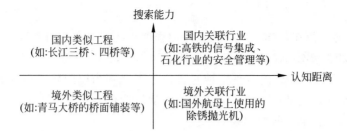

图 5-7　认知距离和搜索能力的组合

经验学习和未来推演存在多方面的差异性：①对解决方案的评估上存在差异。前者依赖经验相似性，后者主要依靠逻辑。②潜在方案范围的差异性。未来推演基于想象和分析，可获得相对更多的解决方案。经验学习的内容相对有限。尽管存在诸多差异，在实施过程中，常组合使用学习经验和未来推演。

3）理论基础

依赖理论基础是对已有理论的具体情境化，也可以是对问题的一般化，从而借助理论视角推演和预测。

当存在已有理论基础时，可用已有理论来形成推演和预测，进而形成解决方案。当缺少相应理论基础时，可建立理论来形成推演和预测，进而辅助解决方案的设计。在该情形下，需要进行试验等支撑理论的建立。

2．搜索方式

常见有以下三种搜索方式。

（1）试错法。把可能的解决方案一一列出，逐一评估其实现目标的程度。

（2）路径—目标法。首先分析目标与当前解决方案之间的差距，然后设计路径以减小这种差距。使用该方法时首先需要确定目标，进而对比路径实现目标的可能性，不断地改进路径。

（3）启发式搜索。启发式搜索是利用当前拥有的信息来引导搜索，以达到减少搜索范围、降低问题复杂度的目的。通过启发式搜索得到令人接受的解决方案，而非最优解。

在顺序性启发式搜索中，有搜索规则、停止规则和决策规则三个要素[14]。研究者在人员招聘的示例中分析提到，要招聘到有卓越能力的人员有三个搜索线索：是否有卓越能力，是否让人敬佩，能否提升团队的平均水平。搜索规则可表达成搜索线索的排序，如从卓越能力开始，然后是是否让人敬佩，最后是能否提升团队平均水平。停止规则是某一线索提示是否结束。决策规则即结束所需要的行为，如聘用或不聘用。搜索过程需要考虑最小化假阳性或最小化错失。如最小化假阳性中考虑以满足卓越能力的人作为后续两个线索的候选人。而最小化错失是指即便不满足卓越能力这一项，仍然作为后续两个线索的候选人，并且在满足任一线索条件时都可以雇用。也有处于两者之间的状态[14]。

顺序性启发式搜索适用于单个线索占据较为重要地位的情况。当线索之间的重要性较为接近时，需要赋予不同的线索相同的重要性，进而进行搜索和决策。

因为启发式搜索基于有限信息（比如当前状态的描述），所以比较难预测进一步搜索过程中状态空间的具体行为。一个启发式搜索可能得到一个解，也可能一无所获。启发式信息越强，扩展的无用节点就越少。因此，引入强的启发信息，有可能大大降低搜索工作量。

启发式搜索利用了特定领域的知识,因此,经验积累非常重要。研究发现过往的绩效越好时,采用越大范围的搜索,效益会下降。当面临之前的低效益开发时,大部分软件应用开发者选择远距离搜索。研究者发现这不是一个好选择,更好的选择是保持中等距离的搜索,不要太宽,也不要太窄[15]。

5.4.2 解决方案设计的推理

解决方案设计是指基于一定理论、目标和约束条件来进行解决方案的推理。设计解决方案主要是通过设计理论(假设)指导设计,以实现预期目标,如图5-8所示。

如果设计者拥有不同的理论和实践经验,则推理过程存在一定差异(如表5-6所示)。如学生和初学者可能同时形成设计假设和解决方案,从而形成一个合适的匹配,来实现预期的结果。而对于经验丰富的设计者,可能会对设计假设有更好的认识。

图 5-8 设计理论指导下的解决方案设计

表 5-6 设计理论和设计经验的组合关系

	有实践经验	无实践经验
有设计理论	针对特定的问题情境,通过理论解决问题,理论提供分析问题的视角	侧重理论推演
无设计理论	侧重于基于经验的解决办法。虽然可能成功解决问题,但可能难以充分解释	基于预想从认知角度进行推演

1. 有明确设计假设情形下的解决方案设计

在具有明确设计假设情形下,通过设计假设来指导解决方案的设计。实施过程中可以构建不同的解决方案,并分析解决方案中不同要素(或变量)对实现预期目标的影响,如图5-9所示。

对于明确的设计假设,可采用以下两种推理方式进行设计:

(1)采用演绎推理。即拟设计的解决方案是设计假设在特定情境下的具体化。

(2)图尔明模型推理。如界定理由、支援、主张等(详见第3章理论基础)。Ketokivi和Mantere[16]在研究中采用图尔明模型来进行解决方案设计的推理,如图3-10所示。

图 5-9 设计假设已知情况下的设计推理

2. 设计假设不确定情形下的解决方案设计

设计假设不确定情形下的解决方案设计是指虽然有清楚的预期目标,但设计假设或作用机理尚不确定,难以从已有理论和实践角度进行推演和设计解决方案。在该情形下,在设计解决方案的同时需厘清解决方案的作用机理。但也有可能在解决方案设计完成后,其作用机理仍未知,如图 5-10 所示。

对于设计假设未知情况,可采用溯因推理的方式(如图 5-11 所示),其步骤包括:

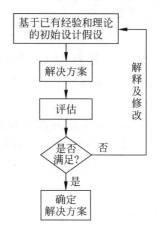

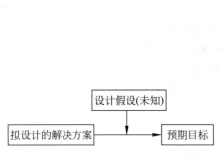

图 5-10　设计假设未知情况下的设计推理　　图 5-11　溯因推理在解决方案设计中的使用

(1) 从已有经验形成初始的设计假设,与从理论中获取的设计假设不同,初始设计假设是从已有经验归纳而来,但尚未经过反复验证。虽然设计假设未知,但并不意味着完全无经验可循。实践中,人们可以根据已有经验进行初步归纳,并总结和解释哪些机理在已有经验中发挥了作用。

(2) 通过初始设计假设指导解决方案设计,进而对其进行评估。

(3) 如果评估结果满足预期目标要求,则确定该解决方案。

(4) 如果评估结果不满足预期目标要求,则需要解释为什么不能满足要求,并进一步修改初步设计假设,进行再循环。从评估中发现异常以及解释和修正初始设计假设的过程体现出溯因推理的逻辑。

在设计理论未知的情况下,依赖组合、变异和类比等推理。

1) 组合和变异

组合和变异是指对已有经验进行收集和吸收,通过组合和变异以满足目标和约束条件要求。

组合和变异的方向主要来自于设计目标的导向和约束条件的限制。

港珠澳大桥钢箱梁的制造与采购招标模式中,前期通过调研梳理了以往工程的四种招标策略:①先招钢箱梁制作厂家,后招钢板供应商;②先招钢板供应商,后招钢箱梁制作厂家;③只招钢箱梁制作厂家,钢板由钢箱梁制作厂家自行采购;④一次性招标,由钢箱梁制作厂家和钢板供应商联合投标,由钢箱梁制作厂家作为联合体牵头人。综合考虑运输费用、管理界面和市场风险等因素,招标人最终设计了改进的甲控模式:先招钢箱梁制作单位,在钢箱梁招标文件中约定中标后,通过比选方式由招标人与中标人联合选定钢板供应商,并在招标文件中制定上述供应商的比选方式和原则,从而实现甲方的有效管控。此外,各承包人分别确定一家钢板供应商,由承包人与钢板供应商签订钢板采购合同协议书;发包人、承包人、钢板供应商三方共同签订钢板采购货款,发包人代为支付备忘录。该方案既强化了业主的监管,又发挥了承包人对钢板需求明确及管理责任,也能解决钢板厂的资金需求问题。该方案是在上述四个已有方案的基础之上进行的组合和调整,并综合考虑了业主的管控目标和边界条件约束。

2)类比

类比是指寻找相似性,将一个场景中的设计知识转移到相似场景。类比推理是将在某场景或领域中先前获得的知识向当前问题领域迁移,通过找到当前问题情境和先前问题情境间的相似点,以此为依据,将关于先前问题的知识和经验迁移、运用到当前问题上去,从而有助于解决方案的形成。

类比有以下几个特征:

(1)类比由源域和目标域两部分构成。存在一个已知事物作为类比的客体事物(源域),并且是被充分认知的。源域与目标域的元素之间在属性、联系及系统等方面存在某种对应关系,该对应关系是类比推理的基础。

(2)相同特点或相似性是类比推理的出发点。以源域和目标域两个系统之间的相似性为基础,并从这些相似性中推断出目标域中的解决方案。

比如扫地机器人在清扫过程中,滚刷易被毛发缠绕,可采用理发器产品的"剪切"的方案,并根据理发器的错齿刀剪切原理设计适用于清除扫地机器人滚刷上缠绕毛发的剪切结构。此外,设计者选择枪械构造和外观特色作为直立吸尘器构造结构的类比对象,出于以下考虑:①枪械作为灵感源与吸尘器领域相关度比较远,容易激发灵感,产生新颖的方案;②枪械造型具有特色,符合直立吸尘器外观酷炫的设计要求;③枪械弹夹插拔方式与直立吸尘器充电电池的插拔方式类似[17]。

(3)使用类比不能将源域的物理特征简单地照搬,而是要了解源域与目标域的相关性,将源域的特征抽象之后再应用到解决方案设计中。

运用类比法首先要搜集源域:

(1)远距离源域。可以从与目标域相距较远的领域进行搜索。由于只是寻找其相似地方,原来不在一个领域的解决方案可能纳入目标域的解决方案设计中。

(2)近距离源域。搜索近距离源域较容易形成感性、具体的认识,由于已有解决方案相对具象,容易理解和迁移到目标域。如鲁班发明锯子是由被齿状边缘的叶子割伤手指而引发的类比,而叶子的形状是非常具象的。

类比有点类似于采用比喻的方式,比如成虎等[4]将工程比喻成人体,工程会经历成长、衰退等全过程。工程由各个专业工程系统(如结构系统、水系统、电系统、控制系统、工艺设备系统等)构成,它们有一定的系统构成形态。人体由骨骼、肌肉、呼吸系统、血液循环系统、消化系统、神经系统等构成。与人体相似,工程结构是工程系统的"骨骼",而各类管道就像人的血液循环系统,智能控制系统就像人的神经系统。在工程寿命期中,工程系统过程和系统功能等各方面都有一般生物的特征和规律性。工程系统与人相似,经历了孕育、出生、成长、扩展、结构变异、衰退和消亡的过程。工程与人相似,其"孕育期"(前期策划和建设期)虽然很短,但对工程寿命期影响最大。这符合一般生态学的规律性。从工程投入使用起,随着时间的推移,其状态就已经开始并在慢慢老化,健康趋势逐渐下降,但不同工程系统老化的进度不同,有些维持基本现状,有些衰退过快。一个工程的衰老常常不仅表现为结构退化,如混凝土老化、一些黏结材料老化、金属材料锈蚀等,而且还表现为功能逐渐退化,如设备功能下降、磨损加大,控制系统反应迟钝、出错等问题。

5.5 参与式设计

1. 参与式设计的必要性

设计者在设计解决方案时，对解决方案有一种预测性认知，认为解决方案在实施过程中，会实现预期效果。从时间维度上设计者的意向影响解决方案设计，设计的解决方案进而影响使用者的使用和解读。

参与式设计是指多参与主体共同设计，多参与主体相互学习的过程，从而形成共同的反思和行动。例如，设计者学习使用者的真实情境，使用者提出需求以及学习解决方案来实现目标[18]。

参与式设计中，设计者和其他参与者互相协作，体现在以下方面：

（1）使用者提出意见和建议，积极交流沟通。参与式设计中设计者、使用者及其他利益相关者共同探讨评估，参与决策。使用者不再是被动选择，这有助于改善设计工作质量。

（2）使用者的隐性知识可以通过讨论等方式得以表达，让他们参与设计，可获得更好的解决方案。

（3）使用者的参与可缩小设计方案的探索空间，聚焦到关键性问题。参与式设计旨在使相关主体（例如员工、合作伙伴、客户、最终用户）积极参与设计过程，以确保结果符合他们的要求。

（4）参与式设计是一种侧重于设计过程的方法。

传统问题解决过程中解决方案设计者是设计主体。而参与式设计是一个建立在沟通、分享、合作、协调基础上的设计过程。解决方案设计者与使用者共同赋予解决方案存在的意义，解决方案由设计者和使用者共同参与决定。

2. 参与式设计的特征

1）共同创造

参与式设计强调设计者、使用者以及其他参与者共同参与到问题研究、解决方案设计和评估过程中。使用者的角色也更为多样，包括：①作为使用者，提出使用者的需求，并要求在解决方案设计中充分考虑其需求；②作为贡献者，对解决方案的设计做出贡献，贡献自己的经验和资源；③作为参与者，作为一个团队成员平等地参与到问题呈现、解决方案设计和评估过程中，不夹带偏见的观点和不合理的诉求，并有权获得相关解决方案设计的信息。

2）共同学习

设计者和使用者共同学习，即设计师与使用者相互学习各自的经验和诉求，这有利于双方相互理解。设计者拥有解决方案的知识，同时需要学习与使用者相关的知识，如使用者的习惯、所处的情境等。在参与式设计过程中，通过学习，设计者和使用者能更好地理解双方的立场，引发共情。

3. 参与式设计的实施流程

（1）明确目标和策略。

该阶段有几个重要的决策：①决定使用者参与的阶段。使用者可以参与问题解决的整个过程，也可以参与其中的部分过程，如征询意见和评估等。②决定使用者参与形式。如使用者提出建议,设计者评估、挖掘需求,或双方共同决策和执行。

（2）参与者的选择。

（3）参与式设计的实施。

（4）总结和评估。

参与式设计对设计者提出了更高要求,如要求其与使用者打交道,同时参与式设计赋予使用者参与的权力,过程中可采用设计工作坊、模型制作、图像分析等方法。

思考题

1. 试讨论目标设计中需要考虑的基本设计准则。

2. 试分析目标如何约束和指导设计假设的选择。

3. 设计假设引导解决方案的设计,相对应的,如何检验解决方案实现设计假设的程度?

参考文献和引申阅读材料

1. 参考文献

[1] SIMON H A. The Sciences of the Artificial[M]. Cambridge：MIT Press,1996.

[2] AOKI K,WILHELM M. The role of ambidexterity in managing buyer-supplier relationships：The Toyota case[J]. Organization Science,2017,28(6)：1080-1097.

[3] GROOP J,KETOKIVI M,GUPTA M,et al. Improving home care：Knowledge creation through engagement and design[J]. Journal of Operations Management,2017,53(1)：9-22.

[4] 成虎,宁延,等. 工程管理导论[M].北京：机械工业出版社,2018.

[5] DENYER D,TRANFIELD D,VAN AKEN J E. Developing design propositions through research synthesis[J]. Organization Studies,2008,29(3)：393-413.

[6] ANAND G,CHANDRASEKARAN A,SHARMA L. Sustainable process improvements：Evidence from intervention-based research[J]. Journal of Operations Management,2021,67(2)：212-236.

[7] JOHNSON M,BURGESS N,SETHI S. Temporal pacing of outcomes for improving patient flow：Design science research in a National Health Service hospital[J]. Journal of Operations Management, 2020,66(1)：35-53.

[8] DE VASCONCELOS GOMES L A,SEIXAS REIS DE PAULA R A,FIGUEIREDO FACIN A L, et al. Design principles of hybrid approaches in new product development：A systematic literature review[J]. R&D Management,2022,52(1)：79-92.

[9] WALLS J G,WIDMEYER G R,EL SAWY O A. Building an information system design theory for vigilant EIS[J]. Information Systems Research,1992,3(1)：36-59.

[10] WALLS J G,WIDERMEYER G R,EL SAWY O A. Assessing information system design theory in perspective：How useful was our 1992 initial rendition? [J]. Journal of Information Technology Theory and Application (JITTA),2004,6(2)：43-58.

[11] LIU X,WANG G A,FAN W,et al. Finding useful solutions in online knowledge communities：A theory-driven design and multilevel analysis [J]. Information Systems Research, 2020, 31 (3)： 731-752.

[12] STURM B,SUNYAEV A. Design principles for systematic search systems：A holistic synthesis of a rigorous multi-cycle design science research journe [J]. Business & Information Systems

Engineering,2018,61(1)：91-111.

[13] 杨冠中.事理学方法论[M].上海：上海人民美术出版社,2019.

[14] GIGERENZER G,REB J,LUAN S. Smart heuristics for individuals,teams,and organizations[J]. Annual Review of Organizational Psychology and Organizational Behavior,2022,9(1)：171-198.

[15] ANGUS R W. Problemistic search distance and entrepreneurial performance［J］. Strategic Management Journal,2019,40(12)：2011-2023.

[16] KETOKIVI M,MANTERE S. What warrants our claims? A methodological evaluation of argument structure[J]. Journal of Operations Management,2021,67(6)：755-776.

[17] 耿蕊.基于构造类比法的家电产品设计实践与探索——以吸尘器设计为例[J].装饰,2021(5)：128-129.

[18] ROBERTSON T,SIMONSEN J. Participatory design：An introduction[M]//Routledge international handbook of participatory design. London：Routledge,2013：21-38.

2. 引申阅读材料

[1] CARLSSON S A, HENNINGSSON S, HRASTINSKI S, et al. Socio-technical IS design science research：developing design theory for IS integration management[J]. Information Systems and e-Business Management,2010,9(1)：109-131.

[2] GROOP J,KETOKIVI M,GUPTA M,et al. Improving home care：Knowledge creation through engagement and design[J]. Journal of Operations Management,2017,53-56(1)：9-22.

[3] HEVNER A R. A three-cycle view of design science research[J]. Scandinavian Journal of Information Systems,2007,19(2)：4.

[4] HOLMSTRÖM J,KETOKIVI M,HAMERI A P. Bridging practice and theory：A design science approach[J]. Decision Sciences,2009,40(1)：65-87.

[5] LOPEZ-VEGA H,TELL F,Vanhaverbeke,W. Where and how to search? Search paths in open innovation[J]. Research Policy,2016,45(1)：125-136.

[6] MÖLLER F,GUGGENBERGER T M,OTTO B. Towards a method for design principle development in information systems［C］//International conference on design science research in information systems and technology,2020,Springer,Cham：208-220.

[7] 赫伯特·西蒙.管理行为：管理组织决策过程的研究[M].北京：北京经济学院出版社,1988.

第6章

解决方案评估

为验证设计假设和解决方案的有效性,需要进行严格评估。本章主要介绍解决方案评估的类别、要素和实施步骤。

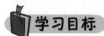

学习目标

(1) 掌握解决方案评估的步骤。

(2) 掌握解决方案评估过程中干扰因素控制的方法。

(3) 熟悉不同的解决方案评估方法,并能针对解决方案评估进行评估方法的选择和设计。

6.1 解决方案评估概述

1. 解决方案评估的内涵

评估是指对解决方案的属性和特征(如价值、效用、安全性、公平性等)进行系统性评价。评估是工程管理设计的关键环节,如果缺少评估,则设计的解决方案只能从理论上论证其效用,设计假设也只是猜想。解决方案评估要评估设计假设和解决方案两方面(如图 6-1 所示)。

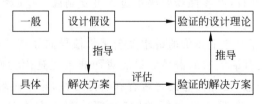

图 6-1 设计假设和解决方案的评估

1) 实践层面

从实践层面,评估关注解决方案实现设计目标的程度,以证实解决方案的有效性。其中包括:

(1) 评估解决方案实现设计目标的效果和能力,或者是相较于已有解决方案的改进和优势。

(2) 分析解决方案对情境的有效性。解决方案评估对情境的有效性包括以下几个层级。第一层级：设计的解决方案能解释已有数据。如研究者设计了一个风险对冲模型，通过对 30 年的历史数据重建的净现金流量发现，平均销售件数从 672681 提升至 686460，最大损失率从−16.4%降到了−8.6%，因此作者认为该模型是有效的[1]。第二层级：解决方案能指导试验环境的决策。第三层级：解决方案能在真实情形下工作。

（3）评估解决方案是否存在副作用。

（4）评估并识别解决方案的不足或待改进的地方。

（5）评估解决方案是否存在意外效果。

2) 理论层面

理论层面验证设计假设是否成立，并进一步解释设计假设成立的原因，其目的是贡献设计理论。

（1）验证设计假设。验证设计假设是否成立过程中，需要排除干扰因素的影响，确定所观察的结果是由解决方案所导致的，而不是由一些干扰因素导致的。在实验环境中，控制干扰因素较为容易，而在社会环境中，控制干扰因素的挑战大。

（2）解释解决方案的工作机理，分析解决方案如何实现预期目的。

（3）评估解决方案在理论贡献方面的意外或负面效果，分析是否需要进一步修改和调整设计假设。评估过程需要充分认识到解决方案可能带来不可预测的结果，该结果可作为进一步修改设计假设的依据。

2. 解决方案评估的准则

1) 伦理要求

解决方案的评估若对动物、个人、组织、社会、环境等造成潜在安全和伦理风险，则需要进行伦理审查，严格遵照伦理审查要求。此外，在评估过程中，要确保参与主体的安全和知情。

2) 严谨性

解决方案只有通过评估才能证实其有效性，因此，对解决方案评估需要进行严谨的设计。从结果维度看，评估的严谨性体现在：①设计假设验证的严谨性，确定观察到的结果是由解决方案导致的，而不是由一些干扰因素导致的；②解决方案实现设计目标的有效性验证的严谨性。从过程维度看，严谨性需要满足过程可复制性、流程透明等要求。

3) 最满意评估

最满意评估体现了各参与主体价值诉求及公平价值导向原则。解决方案需兼顾公平的价值导向，而不趋附于具有话语权的群体。最满意而非最优是因为解决方案评估是对信息进行处理的过程，获取信息、处理信息的过程存在有限理性，难以实现最优，也不知道解决方案是否最优。在评估是否实现预期目标的同时，评估解决方案是否存在副作用、意外发现等。

4) 特定情境及边界条件

评估过程和评估结果的解读需要明确评估所处的情境、特定主体以及适用的边界条件。评估需明确外部情境的变化是否会影响解决方案的适用范围。

5) 效率和可行性准则

评估过程要综合考虑效率与可行性的平衡。选择评估方法时需要考虑费用、时间、数据可获得性等方面的可行性。

6.2 评估的分类

1. 从评估目的角度分类

根据评估的目的,评估可分为形成性评估和总结性评估,前者旨在改进解决方案,而后者重在总结。

(1)形成性评估。形成性评估发生在解决方案实施前或实施过程中,是为改进解决方案而进行的评估。其优点是可在实施解决方案之前或过程中降低风险和控制成本。因此,当解决方案面临较大不确定性或冲突争议时,需要实施形成性评估。

(2)总结性评估。总结性评估是指在解决方案实施后,评估实施结果是否满足预期目标,以及满足预期目标的程度。其目的是证实解决方案的优缺点,为后续相关问题的解决提供参考经验。

事前评估是形成性的,事后评估是总结性的。

2. 从实施角度分类

按解决方案是否需要实施,评估可分为实施评估和推演评估。前者需要执行解决方案,而后者从认知层面或采用模拟方式进行推演解决方案,具体比较见表6-1。

(1)实施评估。实施评估要求组织执行或者部分执行解决方案,实施后,再评估解决方案。评估方法包括案例研究、准实验设计等。其优点是现实性强、客观有效性好;缺点是成本较高。

(2)推演评估。推演评估是指评估过程无需对已有活动进行修改,主要基于认知数据或经验数据的推演,如仿真、专家评估等。典型的如项目经济分析中计算各类经济参数。其优点是将现实提炼成抽象属性,控制性强,成本低。其缺点是推演与真实情况可能存在偏差。

实际使用过程中,会综合使用两者,比如在解决方案实施之前进行推演评估,在实施后采用实施评估。

表 6-1 推演评估和实施评估的比较

比较项目	实施评估	推演评估
侧重	实例化,在环境中实施解决方案,演示和验证解决方案在真实环境中的有效性	推演解决方案的效用,理论上分析是否成立
优点	提供了对解决方案现实有效性的评估	简单、直接、成本低,控制明显的干扰因素
缺点	受到干扰因素的影响	简化抽象了现实的复杂、多变

3. 按阶段分类

按评估的阶段,评估分为事前评估、事中评估和事后评估,见表6-2。

(1)事前评估和决策。事前评估是指为了预测未来情况而进行的预测性评估。先评估,再决策和实施。事前评估主要用于辅助决策,如决策是否需要进一步改进解决方案或者直接进入实施阶段。

表 6-2 事前评估、事中评估与事后评估的比较

比较项目	事 前 评 估	事 中 评 估	事 后 评 估
目的	保证质量,进行改进	进行调整和改进	提供一个总体评价
用途	辅助决策,辅助计划、管理等	辅助后续的计划	对解决方案设计和实施的总结,提供责任考量
时点	事前的,在设计过程中	在实施过程中	事后的,实施结束之后

（2）事中评估和改进。事中评估主要针对实施过程中出现的新情况和干扰等进行评估,基于评估做出相应的调整和改进。

当解决方案面临较大不确定性时,事前评估和事中评估尤为重要。事前评估和事中评估有助于尽早发现困难和待改进的地方,以便改进解决方案,从而降低风险和成本。

（3）事后评估和总结。事后评估是指解决方案实施后的总结评估,该阶段的评估结果可提供责任考量,并促进更深层次的认识。

6.3 评估要素

6.3.1 评估对象所处的情境

由于解决方案处于一定情境之下,所以需要在特定情境下进行评估,进而说明评估结果在该情境或类似情境下的适用性。情境对解决方案有直接影响,开放性程度越高的解决方案对情境的敏感性越高,因此对情境中的假设条件要求更为严格。

（1）真实情境。在真实情境中评估解决方案的有效性。如采用案例和准实验。

（2）人造情境。对真实情境进行简化,通过抽象方式进行描述和建模分析,如理论推演、数值仿真等。

解决方案是被评估的对象。评估对象的属性影响评估方法和评估指标的选取。如果解决方案针对方法进行改进,则重点评估方法；如果解决方案针对新问题,则重点评估新问题的解决程度；如果针对旧问题提出新解决方案,则可将新解决方案与原有解决方案进行比较。

此外,解决方案中涉及技术和社会因素（如使用者、参与者等）的比重不同,也影响评估方法的选择。对于技术性解决方案,可以采用验算、实验室试验、足尺模型试验等方法评估。对涉及社会因素的解决方案,由于其开放系统的特征,组织或个人参与度较高,受干扰因素影响大,其评估方法也存在差异。当然,技术因素与社会因素也并非截然分开。如开发一种新技术,可能会涉及两方面因素,一是新技术的操作效用,二是社会行为使用中的效用。通常可以从技术角度开始评估,进而增加对社会行为因素的考量。

6.3.2 评估方法

工程管理解决方案评估包括专家评估、案例评估、准实验设计评估、数值实验与仿真评估、原型开发评估五种类型,不同评估方法的具体比较见表 6-3。

表 6-3　不同评估方法的对比

比较项目	专家评估	案例评估	准实验设计评估	数值实验与仿真评估	原型开发评估
描述	通过专家主观评价,用专家已有的知识基础来证实解决方案的效用	在一个或多个真实案例中实施解决方案,以展示解决方案的效用	在受控的环境中通过设置对照组来分析解决方案的效用	用虚拟或真实数据来执行解决方案,以评价其效用	通过解决方案的展现来展示其效用
优势	(1)适合非线性问题或复杂系统。 (2)快速迭代。 (3)控制性强,成本低,理论有效性好。 (4)较强针对性	(1)现实性好。 (2)外部效度较好。 (3)描述细节和现象	(1)比大多数真实实验有更高的外部有效性。 (2)更好地控制混杂变量。 (3)评估结果较为直观。 (4)较为严格的因果推断逻辑	(1)适用于不便于或不能在真实系统中评估的情形。 (2)重复性高、灵活性强。 (3)安全地测试不同的"假设"场景。 (4)准确表达概念和想法。 (5)在多颗粒度上观察解决方案的变化。 (6)实现量化。 (7)可观察时间维度的变化	(1)内部有效性更高,更切合实际。 (2)结果真实有效
劣势	(1)与真实环境下的评估效果有差距。 (2)主观性较强	(1)受主观因素影响。 (2)耗时较长	操作较为复杂,成本较高	(1)真实环境会更复杂。 (2)运行多个不同的模拟的成本可能较高	(1)事后测试,风险相对较高。 (2)外部效度不及案例评估方法。 (3)成本较高

1. 专家评估

专家评估法是指以专家作为信息提供对象,依靠专家的知识和经验对解决方案做出逻辑判断和评价,主要包括专家个人调查法、焦点小组、德尔菲法等。

专家评估法适用于以下典型情况:

(1)数据缺乏。数据是评估的重要输入。然而,当评估过程数据缺乏,或数据不能反映真实情况,或采集数据时间过长,或代价过高,从而无法采用定量的方法,专家评估更为方便。

(2)新解决方案的评估。对于一些新颖程度较高的解决方案,在没有或缺乏数据的条件下,专家判断更容易获取。

(3)非技术因素起主要作用的解决方案。当决策的问题涉及大量非技术因素,如生态环境、公众舆论、政治因素等,并且其重要性超过技术因素本身时,可依靠专家对非技术方面做出判断和评价。

(4)由于信息量极大,涉及相关因素(技术、政治、经济、环境、心理、文化传统等)过多,因素间关系难以通过模型进行刻画时,也可采用专家评估法。

在研究和实践中，常采用专家评估法。

案例1：经过改进的筛选流程选择了9个适用于增材制造技术加工的备件。将备件选择工作的结果提交给了3名管理人员，由他们来验证筛选结果，最终同意可以将所选的9个备件用于实际生产中，验证了筛选流程改进的有效性[2]。

案例2：实践中也常采用专家评估的方法对解决方案进行筛选，如上海中心大厦建筑设计是将征集的19个方案经整合为9个方案后，通过两轮评议遴选而产生的。第一轮是"九进四"，从9个方案中先筛选出4个，经深化修改后，进入第二轮"四进二"，评选出两个方案，即拟用方案，这两个拟用方案由建设方在征求有关方面意见后，确定实施方案，再按程序报批审定。2008年2月28日，来自业界的建筑、结构、设备、环保、消防等各行业的专家，组成了评选组。专家往往从专业和学术的角度追求完美，甚至极致，而决策者拍板、定案时，则要综合考虑更多的边界条件及经济、社会因素，在权衡得失平衡后，方可定夺。

专家评估基于以下方式：

（1）直觉判断。直觉基于主观认识形成快速、整体性判断。直觉可提供整体的、无意识的、快速的、情感性的判断。

（2）分析性判断。分析性判断是一个慢速度、有意识的逻辑推理和评估，是基于专家经验和知识。分析性判断以逻辑分析为主，是规则导向、理性分析的过程。

（3）感知性判断。感知性判断是一个解读的过程，通过解读能形成合理意义，相比分析性判断，感知性判断会代入专家价值判断，赋予解读特定的意义。

1）专家评估的优势

（1）适合非线性或复杂问题。该类问题难以建模及量化，或者量化会忽略某些特性。

（2）快速迭代。通过专家评估来快速获得评估结果，并帮助确定下一步调查的方向。相较于其他评估方法，专家评估更加简单方便。

（3）控制性强，成本低，理论有效性好。问题解决过程的任何阶段都可以通过专家评估获得快速、低成本、针对性的评估反馈，为后续的改进提供高效、低成本的阶段性评估结果。

（4）针对性强。可选取某领域专家来参与评估，紧密结合特定问题的具体方面进行评估，使评估具有较强的针对性。

2）专家评估的不足

（1）与真实环境下的评估效果存在差距。由于依赖专家的主观判断和推测，专家对解决方案实施的情境和约束条件等的理解可能会存在一定差距，短时间内使专家对真实情境形成全面理解也存在困难。

（2）依靠专家的知识和经验，主观性较强。

（3）对评估对象的数量与规模有限制。当面临超过一定复杂度的解决方案时，专家评估面临局限。

（4）专业分工与解决方案集成性的矛盾。通常专家提供单个专业的评价，而管理者在决策层面考虑的因素更为综合。

3）实施步骤

（1）明确评估目标，成立评估小组并制订实施计划。

（2）选择参加评估的专家。

（3）设计关键评估指标和问题。

（4）开展调查，直至找出较为一致的专家意见，形成评估结果。

（5）编写评估报告。

4）控制干扰因素的措施

（1）专家选取遵循匹配原则。根据解决方案需要评估的属性和维度，选取具有相应经验与专业技能的专家。

（2）评估过程的控制。

① 保证专家对评估指标理解一致。可以通过前期告知，明确评估的目的和关键性评估指标，促使专家对评估指标有一致性的认识和理解。

② 定性与定量方法相结合。

③ 减小专家之间的相互影响，鼓励专家自由发表意见。

④ 可与其他方法结合。

2. 案例评估

案例评估是指在真实案例中实施解决方案，进而评估解决方案在真实案例中的效果。案例评估用于调查处于某特定情境下的当前现象，特别适合这个现象和它的情境间的边界不是很清楚的情况[3]。案例评估与实验方式的差异在于案例评估并不控制外部环境。案例评估与案例研究在出发点方面存在差异，案例评估更重视分析和解释某解决方案或干预措施带来的效果，常用于政策评估、项目评估等，案例研究则更侧重于解释案例中的一般规律。

1）案例评估的优势

（1）外部效度好。案例环境是真实发生的，区别于实验中的人造环境。

（2）案例评估是对客观事实的反映，处于真实的环境中。

（3）可比较解决方案在案例实施前后的变化。

（4）案例评估可能发现统计方法忽视的特殊现象，如意外、突发效果等。

（5）可更有效地解释设计假设成立或被改进的原因。

2）存在的不足

（1）案例评估处于真实环境，干扰因素较多，可能存在对干扰因素控制不足的问题。

（2）应用于多个案例时，外部情境并非完全一样，存在混杂因素影响。

（3）评估结果可能会受到主观因素影响，评估者需要对数据进行一定的解读和分析。

（4）评估时点的确定。由于案例是持续发展的过程，如何界定解决方案的影响时间跨度仍是一个挑战。

（5）案例评估耗费时间较长。

3）控制干扰因素的措施

（1）案例的选取：基于设计假设和设计理论发展的需要，选择合适的案例，或选取多个相似案例。Yin[4]认为采用定性比较分析（QCA）可作为多案例（如 10 个以上）选择和分析的工具。

（2）案例评估效度和信度。与案例研究类似，案例评估需要从效度和信度两方面进行控制（见表 6-4），以保证评估结果的可信。①构念效度方面：采用多元的证据来源；形成证据链。②内部效度方面：建立解释；分析备择解释；使用逻辑模型。③外部效度方面：用设计假设指导单个案例评估；通过重复逻辑进行多案例的评估。④信度方面：建立案例评估草案；建立案例评估的资料库。

表 6-4　案例评估实施的信度和效度的控制

案例评估	构 念 效 度	内 部 效 度	外 部 效 度	信 度
内涵	对所要评估的设计假设形成一套具有可操作性且成体系的研究指标	验证设计假设的解释和因果关系	明确外部有效性、结论可扩展性的范围	每一个步骤都具有可重复性
控制方式	采用多元的信息来源；形成证据链；信息的关键提供者对案例评估报告进行检查	模式匹配；建立解释；分析备择解释；使用逻辑模型	用设计假设指导单个案例评估；通过重复逻辑进行多案例的评估	案例评估草案；建立案例评估资料库

来源：文献[3]。

案例：在提升患者流动改善、生产力提高的研究中，研究者采用了案例评估[5]，其步骤如下：

数据收集方法：现场日志、项目会议记录、医院计算机系统定量数据采集。

案例选择：某医院。

2016 年 3 月，医院主要指标的表现如下：①4 小时急诊等待时间表现为 88%，国家目标为 95%；②患者的平均滞留时间为 5.7 天；③2015 年 10 月至 2016 年 3 月期间，在选择性护理中取消的外科手术数量（由于床位的可用性）为 253。取消的成本约为 210 万英镑每年。

评估结果：

（1）急诊室等候时间和外科手术取消量。4 小时急诊等候时间由 88% 升至 95%；外科手术取消的数量显著减少，接近于 0%；年结余 175 万英镑。

（2）平均滞留时间持续降低，从 2016 年 1 月到 2017 年 9 月减少了 14%。

（3）患者流动的改善带来了显著的绩效改善和财务节省。对 AEC(ambulatory emergency care，急诊日间诊疗)的投资促进了患者输入数量的减少，流程改进增强了患者流动，促进了病房的关闭。

（4）职位吸引力。2017 年，该医院成为英国少数几家达到 4 小时急救等待时间目标的医院之一，业绩的增强使该医院的职位更具有吸引力。急诊医生的职位空缺从 2016 年的 57% 减少到 2017 年的 0%，护士的职位空缺从 2016 年的 23% 减少到 2017 年的 4%。

（5）员工满意度。干预措施的引入和患者流动的改善带来了更好的工作环境。

3．准实验设计评估

准实验设计评估是指设置实验组和控制组来进行评估。与实验设计的随机原则不同，准实验设计评估难以按照随机原则来选择被试样本和分配被试。与案例评估不同，准实验设计可设置实验组和控制组。

常见的准实验设计是安排两组被试来作为实验组和控制组以进行对照研究，包括单组前测后测准实验设计、多组前测后测准实验设计等类型。

1）准实验设计评估的优势

（1）较好的外部有效性，评估结果的生成遵循较为严格的因果推断逻辑。

（2）更好地控制干扰因素影响，比其他非实验类型的评估方法具有更高的内部效度。

（3）评估结果较为直观。

2）准实验设计评估的劣势

（1）外部有效性低于真实环境下的实施效果。

（2）实验场所的其他因素会影响评估效果。

（3）操作较为复杂，成本较高，可能时间跨度较长。

3）干扰因素的控制

（1）设立对照组，以控制干扰因素的作用。

（2）控制或选择尽可能相似的组来控制干扰因素。

（3）控制无关变量。

（4）控制实验对象预先存在的差异。

4）操作步骤

（1）确定研究场景与对象。

（2）设置对照组，对除设计假设之外的因素进行控制。

（3）执行实验。

（4）数据记录收集及处理。

（5）分析数据处理结果，验证设计假设，形成结论。

案例1：肾移植术后患者护理教育流程改进的研究中采用了准实验设计对解决方案进行评估[6]。

实验场景：某医院的肾移植中心。

实验设计：以肾脏科室的数据作为实验组（代表重新设计流程期间和重新设计流程后），以心脏/肝脏科室的数据作为对照组（代表重新设计流程前），以患者30天再入院率作为医院的绩效指标，使用双重差分法（DID）来进行评估。

评估指标：患者的30天再入院率和患者满意度。

数据收集：准实验的对象是2013年1月到2016年4月就诊于某医院的肾移植中心的571名患者以及心脏/肝脏移植中心（具有和肾移植中心相似的患者术后教育流程）的165名患者。进行评估之前，研究者还对本院肾移植患者的平均再住院率（40%）与全国水平的统计结果进行对比，发现没有显著差异，确保样本具有代表性。

分析结果：

（1）患者的30天再入院率。结果显示，在重新设计期间，实验组患者的30天再入院率与对照组和重新设计流程前的患者没有差别。这表明，流程重新设计的好处只有在患者教育流程完全实施后才能被观察到。重新设计流程后，30天内患者再次住院的概率降低了25%。

（2）患者满意度。结果显示，肾脏科室在重新设计前与重新设计期间相比，患者满意度下降；而对照组的患者满意度在这两个过程之间没有明显变化。重新设计流程后，与基准组结果相比，患者对医疗提供者与系统的评价评分高出约8%，患者满意度上升。

案例2：研究者设计了一个动态聚类策略，采用准实验法对该动态聚类策略进行评估[7]。

实验场景：数据集来自智利的一家连锁百货公司，该公司通过百货商店网络和在线渠道销售服装、鞋类、家具、家居用品和美容产品等。

实验设计：提供给客户随机选择的、没有任何个性化的分类策略。19种产品随机分配到 8 个不同类别(每种包含 4 个产品)。持续 32 天通过在线渠道进行销售。每一位到达的顾客都会看到随机挑选的这 8 种商品中的一种。如果客户单击了其中一种产品,则会将该单击记录在数据集中。数据集记录了每个客户的分类历史以及购买/不购买的决定,还包括位置信息、年龄组和性别。

数据分析：通过动态聚类算法得到了不同消费者的类簇。

分析结果：与数据密集型策略和线性效用策略相比,动态聚类策略的改进幅度分别高达 50% 和 25.4%。

4. 数值实验与仿真评估

数值实验与仿真评估可用真实或虚拟数据来验证解决方案的效果,而非用于实际情况。

1) 数值实验与仿真评估的优势

(1) 当不便于在真实环境中评估时,可用数值实验来进行评估。

(2) 相较于利用真实环境的评估方法,数值实验与仿真的时间段重复性高、灵活性强。

(3) 可探索不同的"假设"场景。例如可以在不危及生产的情况下观察到改变工厂人员配备水平的影响。

(4) 仿真模型可以做可视化展示,有效地传达概念和想法。

(5) 允许在不同细节级别上观察系统行为随时间的变化。

(6) 仿真模型可以捕获更多细节,从而提供更高的准确性。

(7) 操作时间和结果的不确定性可以通过模型展示出来,从而实现量化,并对解决方案进行优化。

(8) 可以在相同的情况下反复测试不同的解决方案,可方便测试和比较不同的解决方案。

(9) 通过短短几秒钟对长周期影响进行建模。

2) 数值实验与仿真评估的劣势

(1) 现实情况可能会比仿真环境更复杂,与真实环境下的评估效果相比有差距。

(2) 得到的评估结果属于数值解或近似解。

3) 干扰因素的控制

(1) 需要证明模型假设的合理性。

(2) 合理增加使用数据的规模。

(3) 与真实情境的一致程度比较,并说明模型的简化和假设性的合理。

案例：某研究中采用数值实验与仿真验证文本分析机器学习模型的有效性和性能[8]。

评估设计：使用来自标准普尔 500 指数公司的实时聊天联系中心的真实数据,演示了文本分析机器学习模型的仿真实现。

基准设置：与常用两种分流设计相比,即客户选择分流和人工专家分流。

评估指标：服务水平、时间和劳动力成本。

结果分析：与另外两种分流设计(即客户选择分流和人工专家分流)相比,文本分析机器学习模型在服务水平、时间和劳动力成本方面具有优势。

5．原型开发评估

解决方案原型开发评估是指设计的解决方案通过原型的方式体现,进而进行评估。在迭代设计中,强调快速将解决方案原型呈现给用户评估,基于用户反馈再迭代,通过原型开发评估挖掘和优化解决方案。

1）原型开发评估的优势

（1）有效性更高,更切合实际情况。

（2）结果真实有效,有利于评估。

2）原型开发评估的劣势

（1）外部效度不及案例评估。

（2）适用于特定的行业和领域,对与管理相关的解决方案进行原型化的难度较大。

（3）成本较高。

6.3.3　评估基准和指标

为体现解决方案实现的效果,需要设置一个比较基准,常见的评估基准有:

（1）与过去的基准进行比较。如改进流程,可以选定过去某个阶段的效果作为基准。

（2）与已有模型的效果进行比较。如改进流程,可以比较该改进方法与其他方法在改进效率方面的优劣势。

（3）与设定的目标进行比较。

在在线知识社区寻找有用的解决方案研究中,研究者采用与传统文本分类方法进行对比。通过对相同数据集的分析发现,传统文本分类方法的功能曲线都具有相似的形状,F度量值大约在 $150\sim450$ 时达到顶峰值,然后开始下降,不能产生满意结果。传统的文本分类方法不足以精确地预测来自知识社区的信息有用性[9]。

评估需要针对特定指标来进行分析。指标能简化现实中的复杂现象,辅助决策。评估指标确定的步骤包括指标的建立、指标的测量、指标的权重、计算评估结果和结果的使用。

1．评估指标的建立

1）指标的选取

评估指标的选取可以基于理论、实证分析、经验分析以及相关来源的综合。采用理论是指理论提供相应的指标。如 Prat 等[10] 提出的信息系统的评价指标包括目标、组织、结构、活动、适应性等维度,并在每个指标维度下设有细分指标。

采用实证分析是指采用相关性分析、线性回归、因子分析等方法确定关键指标。

指标选取可以由上而下,由专家和研究者来确定;或由下而上,由参与者来确定。经验分析是指从经验的角度进行综合分析,基于经验和直觉来提出评估指标。

以港珠澳大桥的关口设置的评估指标为例,该指标的维度比较简单,但是体现了决策者关注的核心问题,见表 6-5。

表 6-5　港珠澳大桥的关口设置决策的指标

指标	三地三检	两个一地两检	一地三检
司法管辖	口岸在现港、珠、澳各自管区内,口岸和大桥的司法管辖简单、清晰	与深港西部通道相同,需在内地成立港、澳"特定管理区";通过布置可达到各自管区、司法管辖独立;但粤港分界至口岸段的大桥(内地水域、港方管区)管理复杂	
可实施性	在香港、澳门的着陆点要有可供口岸建设的用地(或填海用地),并在用地程序方面可满足建设时间表,根据目前情况,实施难度大	在大桥邻近珠海、澳门处,可填海建设口岸,可实施性较好;或可在珠海横琴岛建设"一地三检"口岸	
交通条件	设六处口岸与大桥连接立交或道路;每个口岸出境、入境都要设置缓冲停车场	设四处口岸与大桥连接立交;对"三地"而言,入境不需设缓冲停车场地	设三处口岸与大桥连接立交;对"三地"而言,入境不需设缓冲停车场地
通关条件	口岸分设"三地",通关不便	通关便利	
运作管理条件	最好	香港口岸分设两处,管理不便	较好
投资	较大	较大	最小
建设模式	简单	复杂	复杂
推荐意见	比较方案	比较方案	推荐方案

评价指标选取的原则：

（1）系统性。指标比较完整地体现了评估对象需要实现的目标和考虑的边界。

（2）可测量性。评估指标需要可测量,如采用定量或定性测量。可测量性还体现在测量数据的可获得性。

（3）指标之间相互独立,避免相互重叠。

2）评估指标内涵和边界

评估指标的内涵需要进行清晰界定,清晰的指标内涵和边界有利于决策,促进结果之间的横向比较。内涵和边界不一样,比较难度大,会对讨论、交流和传播造成不便。如项目经济分析中,评估指标包括净现值、投资回收期等。此外,对指标间的逻辑关系和所适用的分析工具和潜在的理论假设均需要进行说明。

除单维度指标外,某些场合也使用组合性指标,组合性指标是指由多个分指标组合而成的评估指标,其步骤包括[11]：①确定评估对象分析是否适用于组合性指标测量；②选取分指标；③分析分指标数据的可获得性；④分析分指标之间的关系；⑤对指标进行均化和赋权；⑥测试其稳健性及敏感性。

2. 指标的测量

1）定量和定性测量

（1）定量测量。包括以下几种。①定类型数据。如性别的男（1）和女（0）。虽然性别是定性描述,但可以转换成定量的数值。②定序型数据。如学生宿舍满意度的 1～5 打分。③定距型数据。对定距型数据可以进行加减和计算平均值等,但定距型数据不存在基准 0 值,如：温度 20℃、30℃。④定比型数据存在基准 0 值；如：年纪 30 岁、15 岁；分数 90 分、100 分。

（2）定性测量。主要通过分析和逻辑判断的形式确定其测量指标的内涵。港珠澳大桥的关口设置决策的指标测量采用定性的方式。

2）测量数据的可获得性

指标选取需要考虑数据的可获得性，如果无法获得数据，则无法实施测量；如果获得的数据存在残缺，则同样难以实施测量。

3. 指标的权重

多评估指标情况下，需要考虑指标权重。指标权重体现了指标的相对重要程度。常见的确定指标权重的方法有以下几种：

（1）专家咨询法。专家咨询法是指采用主观判断，基于定性或主观判断分配权重，专家咨询法容易使用，其劣势在于主观性较强。对于定性测量，主要从重要性影响方面进行分析。

（2）AHP层次法。此类方法利用数值的相对大小进行权重计算。通常需要采用专家打分或通过问卷调研的方式得到各指标重要性的打分情况，得分越高，指标权重越大。AHP层次法适用于将定性指标定量化处理。

（3）因子分析和主成分法。此类方法利用方差解释率进行权重计算。

此外，还存在一些稍微复杂的指标权重计算方法，如拉格朗日模型、熵权法等。

4. 计算评估结果和结果的使用

（1）形成评估结果。通过评价分析，获得评估结果。

（2）比较评估结果与预设目标（或基准），并对其进行分析。

此外，在多方案评估中，可能出现以下结果：

（1）某一方案全面占优。

（2）方案各有优劣势。通过评估指标的优先级综合评估。

（3）多方案进行重新组合，形成一个新方案。

单个方案进行评估时可能评估结果满足了预期评估目的，也可能不满足要求，需要进行多轮调整和修改，以满足目标要求。

6.3.4　评估主体

由于解决方案评估立足于一定立场，所以需要明确评估主体，并明确评估结果的决策主体和实施主体。评估主体可能存在以下情形：

（1）解决方案设计者进行评估。

（2）研究人员在研究情境下进行评估。

（3）使用者在使用情境下进行评估。

（4）多类型评估人员参与评估。

不同的主体参与评估对解决方案的价值取向和评估结论存在一定影响。因此，选择评估主体时有以下考虑：

（1）以最能满足设计目标作为评估主体选择的依据。

（2）考虑解决方案实施过程中受影响的主体，如用户、客户等。

（3）考虑解决方案的决策主体，谁将对解决方案做决策。

（4）作为社会公正性的角色，评估主体作为中立的第三方，或评估者作为社会公正性的角色。

有时，评估主体兼具以上多种角色。

6.4　评估步骤

解决方案评估的主要步骤如图 6-2 所示。

1. 评估准备

（1）明确评估目标。明确对解决方案评估的目标。

（2）界定评估对象和范围。其中包括待评估的设计假设和解决方案。确定评估对象所在的分析层级，如个人层面、组织层面、跨组织层面等。不同的层面影响数据收集对象的选择。分析评估对象以及所处环境等边界条件，边界条件会直接影响干扰因素的控制。分析解决方案中的社会因素等，社会因素会影响评估方法的选择、干扰措施控制、数据来源等。

（3）评估类型。选择评估类型，如总结性评估、过程性评估。

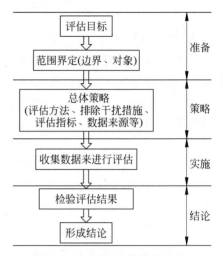

图 6-2　解决方案评估的步骤

（4）确定比较的基准。如以目标为基准、以传统解决方案为基准、以过去的状态为基准等。

2. 评估策略设计

总体策略包括选择合适的评估方法，评估指标和数据来源的说明，以及分析采取何种措施以排除干扰。

（1）评估方法的选择。如选择案例、专家、数值实验、原型开发等方法，并说明理由。

（2）评估指标。分析如何获得评估指标，并形成具体的评估指标。

（3）各主体的参与方式。可能参与的主体有评估者（评估者的信息，如年龄、专业、经验等）、评估结果的使用方、评估的参与方等。明确如何选择各主体，以及明确相关主体参与评估的流程。

（4）数据收集方法、工具和数据分析方法。明确数据收集方法。如果采用问卷调查，则涉及如何进行抽样、确定样本大小和样本描述；如果采用专家访谈，涉及如何进行专家选择和访谈提纲设计。采用案例评估中，明确案例选择和数据收集的工具。此外，需要明确数据分析方法。

（5）控制评估质量，特别是针对一类错误和二类错误（也称为假阳性和假阴性）[12]的控制：

① 假阳性：发现解决方案的有效性（或其相应的设计假设成立），而实际上该解决方案不起作用（或其相应的设计假设不成立）。

② 假阴性：发现解决方案不起作用（或其相应的设计假设不成立），而实际上该解决方案是有效的（或其相应的设计假设成立）。

3. 评估实施

明确评估对象所应用的场景，如时间、地区、范围、外部环境等。收集数据来验证设计假设和解决方案的有效性。收集数据过程要注意过程的记录。过程的记录体现了数据链条的形成，包括数据收集工具、数据收集、数据分析结果整个过程记录。

4. 形成结果和结论

评估结果包括实现目标的程度（效用）、验证设计假设（因果关系）。评估结果需要呈现评估过程中的意外情况和负面效果。

结论包括实现目标的程度、设计假设的验证情况、解决方案的有效性。结论包括以下内容：

（1）设计理论。通过评估，形成设计理论，进行理论贡献。

（2）解决方案。通过评估的解决方案在一定范围内可实现预期的目标。

（3）设计理论和解决方案的情境和边界条件。说明解决方案的适用边界。Rossi 等[13] 提出四个层级的可扩展性：①扩展问题，解决方案可以解决一类问题；②扩展解决方案，解决方案具有通用性；③从解决方案中扩展到设计准则，来指导一类解决方案；④从设计准则扩展到设计知识。

以两个案例作为设计理论和解决方案边界的说明，案例 1 提出虽然本解决方案是针对实时聊天联系中心设计的，但其也可以推广到具有不同类型通信渠道（如电话和社交媒体）的联系中心[8]。案例 2 中明确了解决方案的边界包括两个方面：一方面，由于当地的劳动法的情境要求，能力和需求之间没能达成一致，如下午能力达到最高峰，但此时不是需求的最高峰；另一方面，护理单位晚上和周末的服务能力会减弱，原因是大多数护理人员不喜欢在晚上或周末工作[14]。

（4）其他。需要对存在的副作用、意外发现等进行呈现和说明。

（5）不足。分析不足。

思考题

1. 数值实验与仿真能产生大量定量数据，试分析该评估方法是否比其他评估方法更先进。

2. 案例评估可实施前后的对比，试分析该情形下与准实验设计的异同。

3. 某研究试图对项目过程监控工具进行改进，为评估该工具改进的有效性，能否采用历史项目数据进行分析？

参考文献和引申阅读材料

1. 参考文献

[1] BRUSSET X，BERTRAND J L. Hedging weather risk and coordinating supply chains[J]. Journal of Operations Management，2018，64(1)：41-52.

[2] CHAUDHURI A，GERLICH H A，JAYARAM J，et al. Selecting spare parts suitable for additive manufacturing：a design science approach[J]. Production Planning & Control，2021，32(8)：670-687.

[3] YIN R K. Validity and generalization in future case study evaluations[J]. Evaluation，2013，19(3)：321-332.

［4］ YIN R K. Applications of case study research［M］. California：Sage，2011.

［5］ JOHNSON M，BURGESS N，SETHI S. Temporal pacing of outcomes for improving patient flow：Design science research in a National Health Service hospital［J］. Journal of Operations Management，2020，66(1-2)：35-53.

［6］ ANAND G，CHANDRASEKARAN A，SHARMA L. Sustainable process improvements：Evidence from intervention-based research［J］. Journal of Operations Management，2021，67(2)：212-236.

［7］ BERNSTEIN F，MODARESI S，SAURÉ D. A dynamic clustering approach to data-driven assortment personalization［J］. Management Science，2019，65(5)：2095-2115.

［8］ ILK N，SHANG G，GOES P. Improving customer routing in contact centers：An automated triage design based on text analytics［J］. Journal of Operations Management，2020，66(5)：553-577.

［9］ LIU X，WANG G A，FAN W，et al. Finding useful solutions in online knowledge communities：a theory-driven design and multilevel analysis［J］. Information Systems Research，2020，31(3)：731-752.

［10］ PRAT N，COMYN-WATTIAU I，AKOKA J. A taxonomy of evaluation methods for information systems artifacts［J］. Journal of Management Information Systems，2015，32(3)：229-267.

［11］ SINGH R K，MURTY H R，GUPTA S K，et al. An overview of sustainability assessment methodologies［J］. Ecological Indicators，2009，9(2)：189-212.

［12］ VENABLE J，PRIES-HEJE J，BASKERVILLE R. FEDS：A framework for evaluation in design science research［J］. European Journal of Information Systems，2016，25：77-89.

［13］ ROSSI M，PURAO S，SEIN M K. Generalizating from design research［C］. International Workshop on IT Artefact Design & Workpractice Intervention，10 June，2012，Barcelona.

［14］ GROOP J，KETOKIVI M，GUPTA M，et al. Improving home care：Knowledge creation through engagement and design［J］. Journal of Operations Management，2017(1)：9-22.

2. 引申阅读材料

［1］ VAN AKEN J. Management research based on the paradigm of the design sciences：The quest for field-tested and grounded technological rules［J］. Journal of Management Studies，2004，41(2)：219-246.

［2］ IIVARI J，ROTVIT PERLT HANSEN M，HAJ-BOLOURI A. A proposal for minimum reusability evaluation of design principles［J］. European Journal of Information Systems，2021，30(3)：286-303.

［3］ BERNSTEIN F，MODARESI S，SAURÉ D. A dynamic clustering approach to data-driven assortment personalization［J］. Management Science，2019，65(5)：2095-2115.

［4］ PARSONS J，WAND Y. Using cognitive principles to guide classification in information systems modeling［J］. MIS Quarterly，2008，32(4)：839-868.

［5］ 宋春华.集思广益玉汝于成：上海中心大厦设计咨询活动回顾［J］.建筑实践，2018，1(11)：18-24.

第 **7** 章

工程管理设计的迭代

工程管理设计是一个不断呈现问题、搜索解决方案和持续评估的过程,这个过程需要通过学习和择优进行迭代。

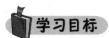 **学习目标**

(1) 理解迭代的概念和类型。

(2) 掌握学习和择优的步骤。

(3) 掌握学习和择优的工具。

7.1 迭代概述

问题研究和解决方案设计需要不断调整,呈现出迭代、逼近的特征。数学中的迭代是指从一个初始估计出发,寻找一系列近似解,不断用变量的旧值递推出新值的过程。

工程管理设计迭代是有目的地生成和修改解决方案的过程,以获得满意的解决方案来实现预定目标。在提出解决方案后,进行评估,若评估发现有需要改进的地方,如出现新问题/挑战或原方案存在不适用、无效等情况,则需要进行迭代。

工程管理设计是问题和解决方案逼近的过程,通过学习和择优以实现问题和解决方案的相互吻合,如图 7-1 所示。

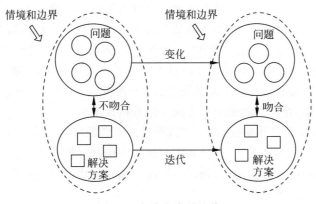

图 7-1 解决方案的迭代

1. 迭代的必要性

工程管理设计迭代主要基于以下原因：

1）边界条件发生了变化

随着时间的推移边界条件发生了变化，原解决方案可能变得不再适用，此时需要进行迭代。设计者需要准确和及时地发现和认识这些变化。如在北极星项目开始一年后，即 1957 年 10 月 4 日，苏联发射了人类历史上第一颗人造卫星。面临着这样的压力，美国海军对"北极星"计划进行了修订，要求从原计划的 1963 年提前到 1960 年 11 月完成。新方案不仅提出要提升导弹性能，而且要求提出更多改进以增加作战性能，其数量也从原来的 3 颗，改变到 6、9、27 颗，到最后的 41 颗。

如《矛盾论》一文所述："矛盾的主要和非主要方面相互转化着，事物的性质也就随着起变化。在矛盾发展的一定过程或一定阶段上，主要方面属于甲方，非主要方面属于乙方；到了另一个发展阶段或另一个发展过程时，就互易其位置，这是依靠事物发展中矛盾双方斗争的力量的增减程度来决定的。"

2）设计者认知有限

解决问题早期，设计者的认知存在较大局限性。设计者的认知是一个累积和生成的过程，逐渐加深对问题的认识，对其发展规律有更好的掌握。如在重大工程招标中，由于实施过程的深度不确定性，业主认知和预测实施过程的风险难度极大。由于存在认知盲区，业主难以在招标中全面推演所需要的能力。而且，从发布招标文件到投标的时间有限，在有效的时间内，让投标人充分理解技术难度、预测风险等，进而做出合理的技术方案和投标报价难度也极大。

3）问题的研究和认识是慢慢呈现的过程

某些需求和边界条件在解决问题过程中才慢慢清晰，特别是在涉及广泛利益相关者时，他们的诉求在过程中慢慢呈现。问题和解决方案需要同时迭代，直到在某个点问题和解决方案相吻合[1-2]。

4）方案评估的阶段性和解决方案的涌现性

解决方案的搜索存在多个步骤，每一步解决其中一个问题，然后再进入下一步。某些解决方案在某个阶段涌现，而不是最初计划内的。有些决策也只有在对初步解决方案进行评估后才能确定下一步的走向，在评估的基础之上做出选择和改进。

如在改进患者流动的案例中，患者流动改进的成功来自对干预措施 1 的持续投入，连接和吸引专业人士参与改善患者流动的对话，使医院能够实施新的措施，以实现干预措施 2 的目标；而后对干预措施 1 和干预措施 2 的投入实现了稳定的成效，伴随着改进的心态，从而为如何更好地进行流动管理提供了新的可能性（干预措施 3）[3]。干预措施 1 和干预措施 2 促进了专业间的协作，在此基础上干预措施 3 随后被提出来。

5）解决方案设计是寻找最满意的方案，而对最满意的解读是动态变化的

在众多因素混合作用情况下，设计者需要在过程中迭代性生成解决方案。此外，解决方案在实施过程中也可能存在一定负面影响，因此必须在解决方案设计中不断迭代，以减少实施过程中的返工和失败的可能性。

迭代有以下重要作用：

（1）修正和调整方案。在解决方案设计过程中，存在不确定性，对大量未来的信息和情

境难以预测。通过迭代能有效挖掘和呈现更多信息以修改和调整解决方案。在工程中常采用试验先行来获得一手数据和固化相应的措施和方法。

（2）减少一次性决策的风险和成本。通过迭代减少一次性决策的成本，转化为在过程中进行调整和修正。

（3）为决策者和实施者积累经验。通过迭代可为设计者和实施者积累经验，进而促进决策优化和实施的可靠性。迭代也可被认为是设计者在执行设计任务时心理活动的调整。这种迭代难以被观察到，因为它发生在设计者的认知层面。

2. 迭代的对象

如图 7-2 所示，工程管理设计迭代的对象包括：

（1）解决方案。对解决方案中不满足要求部分进行修改和调整。

（2）设计假设。对设计假设进行修改和调整。

（3）设计目标。对目标进行修改和调整。

（4）问题呈现。对问题进行再研究，对问题呈现进行修改和调整。

（5）设计者认知的迭代。如果是团队协作的解决方案设计，则涉及团队共识的迭代。

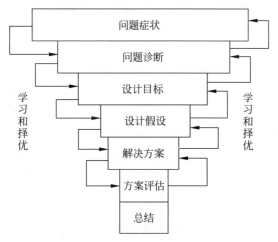

图 7-2　工程管理设计研究的迭代

3. 迭代的类型

1）计划与非计划迭代

（1）计划迭代。在问题解决的早期，难以形成完整的信息，设计者会采用输入估计和假设的条件，并计划在某个阶段进行迭代。一旦获得信息，任务便进行重复以验证初始估计和假设，这种迭代是计划内的。实施计划迭代时，先形成初步解决方案，对问题形成更深入认识后，对解决方案进行补充和完善。

（2）非计划迭代。当由于设计未满足预期目标而需要改进时，就会发生非计划的迭代。这通常发生在评估与集成过程中，或者是由于外部边界条件变化带来的设计变化。

2）渐进与矫正迭代

（1）渐进迭代。问题研究、解决方案设计与评估阶段会产生大量信息。随着对问题理解的加深，需要根据新获取的信息重新考虑问题。导致渐进迭代的因素包括解决方案的不确定性、设计者的有限理性。渐进迭代依赖新信息，新信息有助于加深对解决方案的认识。

（2）矫正迭代。矫正迭代是矫正之前的错误迭代。矫正迭代可能是小范围内的，如针对某子问题，即总体思路正确的前提下，对出现的细节错误进行更正。矫正迭代也可能是总体问题的矫正，即解决方案设计有重大错误，或某关键子问题无法解决，需要重新设计解决方案。

7.2　迭代中的学习

1. 学习概述

学习是通过对经验解读来形成认知的过程。经验常存在于组织的个人、组织的惯例、过程、方法工具与文化中。

组织层面学习的特征包括以下几点[4]。①基于惯例，针对过去的实践和做法。②历史依赖性，对过去的经验进行解读。从经验中学习，经验是指过去的经历。③目标导向性，通过学习来实现某一目标。

学习有以下来源：

（1）从直接经验学习。直接经验是个人和团队拥有的经验，问题解决可以从个人和团队拥有的经验进行直接学习。

（2）从间接经验学习。间接学习是指向他人学习。该过程涉及经验怎么获取，如采用调研等方式获取他人经验，并在此基础上进行学习。常见的，从已有案例中梳理经验和教训，以启发对当前问题的认识。

（3）建立理论框架来解读经验。通过已有理论框架来解读经验并进行推演，促进学习。

常见的学习是多种方式的组合，见表7-1。

表 7-1　依赖理论和经验学习的比较

比较的方面	已 有 理 论	已有经验（直接或间接经验）
来源	用于解决问题的理论	类似的相关项目和企业
优点	可解释性较广	描述具象
难点	抽象程度高、情境化程度低、针对性不强（存在多个潜在理论）	获取来源的问题、总结难度大、可比性问题、经验片面或不完整等问题

2. 工程管理设计各阶段的学习

虽然工程管理设计各阶段都需要通过学习来迭代，但是各阶段学习的侧重点存在差异。

1）对问题呈现的学习

（1）学习如何呈现问题。问题呈现阶段主要学习问题症状和原因、已有理论和已有经验等。从学习中增加对问题的认知，从而更有效地掌握如何呈现问题。

（2）对问题对象的学习。问题对象主要涉及情境、边界条件、症状和原因等。问题呈现过程中，会出现信息太多、太少、太混杂等问题。通过对问题对象的学习，可进一步明确问题和呈现问题原因。

2）设计过程的学习

解决方案设计过程的学习包含两个方面：

（1）学习如何设计。涉及设计过程的学习，学习如何有效管理解决方案设计的过程，以及管理过程中出现的意外情况。对问题有了较为清晰的认识后，需要设计合适的解决方案，设计过程也是一个学习过程。如根据发现的新信息、新信号等进行解决方案设计的重新规划。

（2）解决方案的学习。即对解决方案对象的学习。

3）解决方案评估的学习

（1）实施阶段主要是学习解决方案如何在实践过程中调整和再更新。

（2）对解决方案不足的修正和调整的学习，对评估结果的学习。如学习和分析是否出现意外情况、负面情况，目标的实现是否达到预期等。

通过学习促使设计和评估迭代推进。评估解决方案之后，分析其中的不足，再进行调整。在工程中常用首件认可制，或者进行原型测试，如进行同等尺寸、真实环境的试验等。

4）实施后的学习

解决方案实施后，对解决方案和实施方案进行再学习，主要包括：

（1）实施后进行学习，从中总结经验。研究发现从过去失败中学习，有一种回顾性的认知，同时也要有一种向前的认知，这样能改进未来[5]。

（2）通过学习对已有解决方案进行调整和修改。针对实施情况学习后，再对已有解决方案进行修改和调整，以适应下一轮的实施，形成设计—实施—学习—修正的闭环。

3. 调研

对已有经验的学习主要通过调研，高质量的调研需要进行严谨的调研设计，其中包括调研方式选择、数据收集工具设计和数据收集方案设计。

1）调研方式

调研方式主要包括问卷调研、案例调查、访谈、小组讨论、观察、文档资料等（见表 7-2）。学习过程中要选择合适的调研方式，并补足选定调研方式的劣势。

（1）选择最合适的调研方式。根据问题性质和存在的约束情况，选取合适的调研方式来回答问题。"合适"首先体现在与回答的问题类型相一致，其次考虑回答问题的满意程度。

（2）补足劣势。不同的调研方式兼有优劣势，选择调研方式通常基于其优势，但同时需克服其劣势。如访谈信息要进行多重验证，对问卷调研获得的量化结论可以再用访谈、文档资料分析等形式进行补充。

表 7-2 不同调研方式的比较

方 式	描 述	适合问题类型	优 势	劣 势
问卷调查	采用问卷进行抽样调查	是什么,怎么样	范围宽；时间成本相对较低；可形成量化的结论	问题相对结构化；多轮反复深入的成本较高
案例调查	对案例发展过程进行剖析	为什么、怎样、什么时候	弹性较大；信息量丰富；情境因素考虑完整	费时；数据结构化低；归纳难度大

方　式	描　　述	适合问题类型	优　　势	劣　　势
访谈	对某主题深入评论	为什么、怎么样	弹性较大，可根据访谈过程调整；数据丰富，如语言、肢体等表达	回忆可能失准；访谈者可能提供偏见性答案；费时
小组讨论	多人就某主题的小组讨论	为什么、怎么样	不同人（如不同专业）的观点交织和汇集；信息多样化	费时；可能出现某人主导观点
观察	进入现场的观察等	是什么	可获得一手资料；形成丰富的感性认知	较难获得；存在客观评估的偏见；时间成本高
文档资料	项目资料、文献资料等	是什么	准确和一致性较高；存储时间长；不受收集方式的干扰	针对性较差；可能较难获得；需要进行加工和整理

2）调研设计

问题研究、解决方案设计、解决方案评估三阶段都涉及调研工作，但各自的要求有所不同，需要针对性设计，见表7-3。

表 7-3　不同阶段调研的作用和侧重点

调研工作要求	问题研究阶段	解决方案设计阶段	解决方案评估阶段
作用	确认问题症状的原因	解决方案的设计	通过调研来获取数据，对解决方案进行评估
侧重点	具有分析性，辅助问题的呈现	具有设计性，设计目标引导调研	具有评估性，其目的是评估解决方案的效用和设计假设
方法	原因和需求确认方法：观察、深入访谈、理解各方需求、形成共情等	解决方案设计方法：头脑风暴、共同创造、共同设计	评估方法：原型化、试验、案例等

（1）问题研究的分析性调研设计

该阶段调研用于分析问题，确认问题症状的原因，从而辅助问题呈现。该阶段调研的目的是有效呈现问题，因此，调研对象要选取一线对象，获得一手资料。并重视与调研对象的交流，重视调研对象的期望与要求，关注调研对象提出的明示、隐含的各种需求和顾虑。将这些信息体现到问题呈现当中。

（2）解决方案设计的设计性调研设计

该阶段调研用于设计解决方案，主要是在搜索过程中完成，用于辅助解决方案的设计。该阶段调研具有探索性，在设计假设的指引下进行调研，获取可借鉴的解决方案和启示。

港珠澳大桥招标中，市场调查与技术交流也是业主逐渐建立管理思路，以及反复摸索、求证的过程。业主通过有效的市场调查与技术交流，把前期掌握的零星信息和点状思维，逐渐串联起来，逐步建立清晰的管理思路。

（3）解决方案评估的评估性调研设计

通过调研来获取数据形成对解决方案的评估，从而辅助解决方案的迭代和修改，抑或验证解决方案的效用。解决方案的评估是在解决方案形成后，需要验证其有效性，即是否能实现目标和验证设计假设。如果采用专家评估的方式，则要对专家进行访谈或进行小组讨论。如果采用案例评估，则需要进行案例调查，分析解决方案在该案例中是否能实现预期目标。如港珠澳大桥招标前期，业主构建的项目管理思路和规划，在市场调查与技术交流过程中不断得到验证或修正。

虽然三个阶段的调研工作具有差异，但可在某一项调研中综合融入问题研究、解决方案设计、解决方案评估三个目的。如港珠澳大桥招标策划的市场调查与技术交流过程贯穿了问题研究、解决方案设计与解决方案评估三个阶段。主要调研内容包括：了解市场信息，掌握潜在投标人数量及其投标意愿；收集各潜在投标人对本次招标项目重点、难点分析，对项目复杂性、不确定性和风险类型的理解和认识；向调研对象了解相关专业领域最新的技术发展情况；向调研对象推介项目，培育市场，形成有效竞争；了解潜在投标人的资质、业绩、财务指标、人员资历、设备储备等情况；了解以往类似项目在招投标、设计方案、施工组织等方面的经验，并收集相关资料；了解关键材料和设备的采购渠道、性能指标等；通过调研掌握的信息资料，初步判断各个调研对象在相关专业领域的实力和声誉；收集各潜在投标人对本次招标项目有关标段划分、界面划分、施工方案、工期安排、关键施工设备、法律障碍等建议。

3）调研实施

（1）调研准备。调研准备包括：

① 设计调研工具。设计访谈用的访谈提纲、问卷的调研问卷等。

② 确定调研范围和抽样方式。明确调研的范围和调研范围确定的考虑因素。

如港珠澳大桥招标策划的调研对象涵盖同类项目业主、主管部门、潜在投标人、设计单位、技术顾问、专业分包商、设备生产供应商等，也包含来自关联行业项目业主，以往类似项目及项目业主，潜在投标人，潜在的专业分包、技术、科研合作单位等，潜在的材料和设备生产商、供应商等。市场调查的范围也并非仅局限在交通行业，同时扩展到了石化、核电、航天系统、海洋、高铁、制造行业等。参与调研的对象具有公开性、广泛代表性和专业对应性。

抽样方式是指如何从一个总体中抽取部分样本作为调查对象。进而通过对抽取部分样本的分析来推论整个总体的特征。选取的方法应遵循一定的规则，分为概率抽样和非概率抽样，前者是按一定概率以随机原则抽取样本，后者并不依据随机原则。

③ 调研实施计划。实施计划涉及如何安排调研，如人员安排、实施计划安排等。如港珠澳大桥招标的市场调查与技术交流的工作流程包括以下内容：广泛搜集信息阶段，即网络搜集、同行之间的信息传递与交流，整理初步的调研名单，即通过电话联络初步接触后进一步明确调研名单；拟定调研提纲，向调研单位发出书面调研函；收集整理调研回复资料；根据调研回复资料情况，决定是否邀请调研对象会面交流或实地考察；与调研对象会面交流；实地考察；总结前几个阶段的调研信息资料，形成调研报告；在正式调研过后，如果管理者认为调研信息还不足够，或面临新的问题，则可能启动第二阶段补充调研。

（2）调研过程。调研过程要注重隐私和商业信息的保护，如征询是否可以录音，对于商业信息的脱敏和保护。及时处理调研过程中的意外情况和突发状况。如采用访谈，在过程中营造平等的氛围、减少拘谨感、出现停顿、提供一些鼓励、善于倾听，并适当地给予回应。

调研过程需要做好记录，包括一些基础性信息，如调研材料的初步整理、档案材料的编号和归类等。

（3）形成调研数据库。调研数据库体现在从问题到数据再到结论的过程链条。原始数据要做规范化存储，以方便后续分析的检索和调取。

（4）调研数据分析。

4. 合作与学习

1）跨专业合作

工程管理设计过程中需要跨专业（如设计、建造、成本、采购等）的团队合作。跨专业则意味着参与者具有不同的知识基础、不同的视角，因此可能具有不相容和差异化的认知。

视角是指一种认知结构，它是在交流过程中自动产生的用于解读交流内容的假设框架。视角主要来自个人已有知识和经验。跨专业合作交流过程中，参与主体会将自己的知识进行编译，同时也会破译感知和接触到的内容。在操作过程中，参与主体需要了解和熟悉不同主体的诉求，相互之间进行学习和磨合，以促进融合。融合是指一方破译的内容与对方编译的内容是一致的[6]。这个融合不仅是指同质化，还包括混合和产生新知识。

但实践中，不同专业之间存在知识共享的困难，在专业语言、关注点等都存在较大差异。如有研究分析了不同专业使用原型的目的，其中：工程师关注原型的特征和功能，以有利于实施来满足最终的目标；设计师关注设计改进的可能性，对材料、工具等提出新方案；成本工程师主要从成本控制角度考量。不同专业关注点的差异导致对解决方案设计的综合集成难度提升。

为促进不同专业的合作，常有以下方法：

（1）采用边界性物体。主要是不同专业之间可共享的对象。典型的边界性物体有：

① 数据库等。数据可提供一个共同的参照点，为问题解决提供一个共同的定义。

② 标准化的格式和方法。如表格等，为不同专业解决问题提供一个共同的格式。

③ 实物和模型。如模型、图纸、原型等，为不同专业提供可观察和使用的代表物。

④ 边界的描述。如甘特图、流程图等，描述不同职能和小组之间的相互依赖关系与边界。

（2）促进认知融合。认知融合是指不同视角间的转换，进而达到理解对方交流的意图。认知融合注重理解能力，而非认同。研究发现了提升认知融合的三个途径[6]：

① 扩展。一方知道，而另一方不知道，因此通过知识的扩展即可实现认知融合。

② 扩张。双方都有相关知识，但两方都不具备连接双方认知的知识，因此需要扩张。

③ 调解。相冲突的假设，需要两方进行调解。每一种方式所采用的策略都有差异。

（3）针对不同边界类型，也需要采用对应的知识共享解决机制[7]，见表7-4。

① 对于缺少信息，可以采用传递知识的方式。

② 对于存在不同的解读，可以通过提升解读来实现知识共享。

③ 针对不同的利益诉求，通过构建一致的利益基础作为知识共享的前提。

表 7-4 知识共享的边界类型与解决机制[7]

边界类型	产生边界的原因	特 征	解决机制	结 果
语法性边界	缺少信息	信息处理：词典	传递知识	形成知识的传递
语义性边界	存在不同的解读	解读性边界：内涵	解读知识	形成相同的解读
利益性边界	存在不同的利益诉求	政治性边界：利益	转化知识	形成共同的利益基础

2）新手与专家间的差异

（1）经验丰富的工程师依赖过去经验，有路径依赖性，可能不愿意进行创新性思考和寻找更好的解决方案。

（2）新手容易在解决问题时关注深度，特别是子问题的深度。而专家倾向于采用从上而下的思路，开始关注问题宽度，并且专家更侧重整体解决方案导向。研究发现如果设计者在某个问题上有相关经验，则设计者更倾向于采用解决方案导向的策略，而非问题分析导向的策略。设计者的出发点会影响整体的方案设计。如果采用方案驱动的策略，则可能会实现更好的创造性，但可能整体解决方案的效果不是最佳；如果采用问题驱动的策略，则能更好地平衡解决方案的质量和创造性[8]。

（3）专家有丰富的知识进行问题分解，而新手在问题分解方面较为欠缺。

（4）专家注重集成化的设计思路，而新手常采用试验、调整的方式。

（5）专家倾向于采用生成性的推理，而新手更依赖演绎推理的方式。

7.3 迭代中的择优

1. 择优概述

择优是指基于评估结果进一步对问题呈现和解决方案选择与保留的过程。在问题研究阶段，择优体现在选择最具有解释力的原因。在解决方案设计阶段，择优是指选择最满意的解决方案。本小节内容主要关注解决方案设计的择优。

对于复杂的、不确定性的工作，存在较多的择优过程。常用的方式是同时设置多组试验。一般的 IT 企业创新活动也常用这种方式，如在某些产品开发之初多个团队平行、竞争性地进行研发。Lenfle 和 Loch[9] 回顾曼哈顿原子弹研制计划，发现并行测试也是当时采用的方法。

2. 择优步骤

择优过程主要包括以下三步：

1）多方案并行设计

择优是在产生多个变异方案后，进行比较和评估。通过设置多个方案，充分暴露和讨论需求及不确定性。在多方案设计中，需要考虑方案的数量、方案的差异性以及方案的质量三个维度。

（1）方案的数量。在择优过程中，通常要设计多个方案，基于不同的考虑条件和出发点。当方案较少时，容易陷入支持某一个方案，而可能忽视其他潜在方案。

（2）方案的差异性。方案的差异性旨在增加方案的多样性。择优需要形成多个具有一定差异性的方案，这样在后续迭代过程中，能更好地获得改进和迭代的方案。

（3）方案的质量。方案的质量体现单个方案实现目标和可行性的程度。方案质量与多样性两者存在一定的矛盾性，要实现两者的平衡。特别是方案粗细程度的考量，如果同时设计多个差异化较大的高质量方案，则意味着较高的投入。

2）方案的对比和评价

择优可针对多个解决方案或单个方案。针对多方案时进行比选，针对单个方案时可对该方案某些部分进行选择和保留，剔除某些部分。

对比需重点考虑评估指标和评估主体两方面：

（1）评估指标方面。针对相同的指标和相同的指标权重进行比选。

（2）评估主体方面。如果采用定性评价，则需要多层面、多专业人员进行评估，以形成丰富和针对性的信息。涉及多利益相关者时，评估主体要纳入关键利益相关者。

3）择优和迭代改进

针对评估结果进行选择，可做的决策包括：

（1）满足要求的情形下可做选择和决策。

（2）部分满足要求时，针对不满足要求部分进行调整或者重新进行设计。重新设计是因为对不满足要求部分难以通过优化等方式进行补充和完善；而针对不满足要求部分进行调整，意味着存在改进空间。

（3）整体不满足要求时，放弃该设计，重新再设计。

对多方案进行比较，从而确定最优方案，进行后续迭代改进，或者吸收不同方案的优点，进行重新组合。

根据解决方案生成的方式，对迭代进行分类。一种是优中选优，单向向前推进形成最佳方案；另一种是回溯，当前方案无法进一步生成有效子方案时，回到前一层级，研究其他同等深度的方案[10]。

7.4 工程管理设计迭代的案例

以港珠澳大桥的钢桥面铺装的招标工作为案例来分析工程管理设计的迭代过程。港珠澳大桥主体工程桥面铺装全长为 22.9km，铺装面积达 70 万 m^2，约相当于 98 个足球场，其中 50 万 m^2 为钢桥面。另外混凝土桥面铺装面积约 20.3 万 m^2。

1. 目标

首要目标是设计和提出一种招标模式，选择能实现 15 年设计使用寿命并能在相应工期内完成的承包商。其中，钢桥面铺装 15 年设计使用寿命是当时国内钢桥面铺装寿命的 3 倍；工期要求相当于要在同等工期铺装 10 座跨长江大桥。

2. 关键边界条件

（1）中国钢桥面铺装面临着技术瓶颈，尚没有公认可行的铺装技术方案。设计方案对桥面铺装施工招标具有决定性影响，直接影响到项目的施工准备期、施工工期、设备、造价、施工质量控制、资源配备、标段划分等。

（2）施工条件苛刻，温度太低或太高都不利于铺装，且整个施工过程中绝对不能出现降水。全年有效施工时间仅 120 天。此外涉及集料运输和搅拌场设置等。

（3）产业链情况复杂。上游产业包括沥青、碎石、防水层等材料的采购；下游产业有抛丸除锈等专业分包。很多产业在国内处于垄断状态，只有几家公司能够提供满足质量要求的产品。

（4）体量巨大。50万 m^2 钢桥面是当时世界规模最大的单体钢桥面铺装工程。

3．招标模式设计过程

第一轮：以满足15年设计使用寿命作为重要的目标。钢箱梁桥面铺装（CB07合同段）拟采用国际公开招标。采用国际招标主要有以下初步考虑因素：首先，国内项目的总体实施情况欠理想，与国外同类项目存在差距；其次，鉴于大桥主体三地共建共管、毗邻港澳等特殊性，借鉴深圳西部通道经验，有引入国际优秀资源的优势条件；最后，拟采用的浇筑式沥青桥面铺装方案起源于国外，有必要充分借鉴国外的施工经验。

为了进一步验证引进国际优秀资源的可行性及可能的实施方案，管理局开展了大规模的市场调查和技术交流，充分征询市场意见和建议。最先开始的是大规模的函调，邀请国内外的函调公司结合本项目情况论述采用国际公开招标的必要性和可行性，及提出可能的招标模式建议。如采用国际公开招标时，招标重点有哪些，有哪些成功经验可以借鉴，需要注意哪些问题等。

第二轮：在调研中也发现境外企业参与内地桥面铺装项目已有先例，如安庆长江大桥、深港西部通道深圳段。管理局在对香港进行多次调研后产生了新的认识。沥青玛琋脂混合料（mastic asphalt，MA）自1997年香港青马大桥引进，在多个项目中效果良好，且香港与大桥地理位置接近，成功经验具有借鉴意义。因此，管理局提出了面向内地及港澳地区的公开招标新方案。对境外企业的函调情况显示英国、德国和日本等国际铺装企业参与兴趣不大，而香港企业表示了很高的热情。因此，在第二次招标工作会议上对"面向内地及港澳地区的公开招标"的优劣势进行了重点分析和讨论。随后，向桥面铺装专项法律顾问征询法律意见，法律顾问指出"面向内地及港澳地区的公开招标"具有合理性，但要尝试通过三地委协调广东省政府相关部门对投标资质情况进行沟通。几种方案的比较见表7-5。

表 7-5　招标方案比较

方　案	优　点	缺　点
面向全球的国际招标	· 充分利用国际工程市场的先进施工技术及工艺，为工程质量提供保障； · 引进国际先进管理理念，成熟的施工工艺，实现与国际接轨	· 中外文化差异带来管理难度； · 国际企业一次性投入设备成本过高，后期设备摊销难度大，总体成本较高； · 受制于国际企业是否有参与本项目的兴趣； · 需解决境外企业施工资质问题
面向内地及港澳地区的公开招标	· 充分考虑了本项目三地政府的资金投入； · 香港铺装企业有多个优质桥面铺装业绩； · 能够引进香港地区成熟、成功的铺装经验； · 让内地企业与港澳企业同台竞技，可促进内地企业加强管理，提升并带动内地钢桥面铺装技术及管理水平	在内地现行法律框架下，面向港澳企业及内地企业进行区域招标时，港澳企业同样受到国际招标方案涉及境外企业的上述准入限制

续表

方　案	优　点	缺　点
面向内地的公开招标	• 成本可控； • 完全适用内地法律，不存在需要协调解决的问题	• 不能很好地利用本项目三地共建共管的建设平台； • 不能有效引进境外先进铺装技术和管理经验，对内地钢桥面铺装行业的促进作用不明显； • 存在一定的质量风险

第三轮：管理局在申请解决投标资质问题过程中发现省级行业主管部门无权特批，国家行业主管部门很难为一个项目做出特批。在此客观条件下，管理局放弃了面向内地及港澳地区的公开招标，采用面向内地公开招标。在此轮迭代过程中，法律层面的约束条件是重要的评估指标。

第四轮：面对国内优秀资源缺少，为引进国外优秀资源，推荐采用"国内公开招标＋施工管理顾问"。在设计该招标模式时，设计方案基本稳定，即采用浇筑式沥青混合料（guss mastic asphalt，GMA）浇筑式沥青新技术，集合了 MA 技术和浇筑沥青混凝土（guss asphalt，GA）技术的优点；此外也明确了"以认证保材料、以考核保人员、以设备保工艺、以工艺保质量"的项目管理理念。设计方案和管理理念的初步稳定为招标模式设计明确和清晰了关键的边界条件。这个边界条件的稳定在第一轮和第二轮设计中尚不存在。

确定了该招标模式后，需要进一步解决如何设置施工管理顾问的问题，如采用强制引入并在投标阶段落实或采用投标人根据自身情况自行决定聘请的方案。最后会议讨论一致认为选择强制引入并在投标阶段落实有助于减少风险，更有助于引入优秀资源。同时，由于施工管理顾问的引入，会议也提出需要重点梳理施工管理顾问的最低职责，确定施工管理顾问与监理、质量管理顾问、试验检测中心之间的工作界面等问题。

在送审稿反馈中，广东省发改委提出了原则同意"国内公开招标＋施工管理顾问"的模式，但同时提出施工管理顾问仅限于境外企业，与招标公平、公正的原则不符合。

第五轮：管理局随后进行了调整，取消了境外公司的要求，对过往业绩提出了明确要求，进而基本稳定了"国内公开招标＋施工管理顾问"模式及基本要求。

最后，桥面铺装两标段均聘请了国际钢桥面铺装浇筑式协会时任主席埃施利曼先生作为施工管理顾问，施工管理顾问在桥梁铺装过程发挥了重要作用。

如图 7-3 所示，通过以上案例可获得以下迭代经验：

（1）目标的重要性。

（2）边界条件认识的重要性。边界条件是动态变化的。

（3）问题的认识是逐渐呈现的。首先设计者要识别最关键的问题，如满足 15 年设计使用寿命的问题，其次是法律等方面的问题。

（4）择优和学习的重要性。择优和学习所形成的迭代是设计者进行主动决策的过程。

（5）迭代的动态性。进行择优之后，将对解决方案进行调整，进而引申出新的问题需要重新呈现。在不同阶段，所呈现的问题不断细化，针对细化的问题再设计解决方案，再评估，直到整体都被接受。

（6）评估的阶段性。在早期评估中，15 年设计使用寿命是最需要解决的问题，所以在早期解决方案主要朝该方向努力。在面向香港、澳门招标能满足这个要求之后,来评估其他方面(如法律约束方面)。因为资格条件方面发现新的问题,影响了解决方案的可行性。

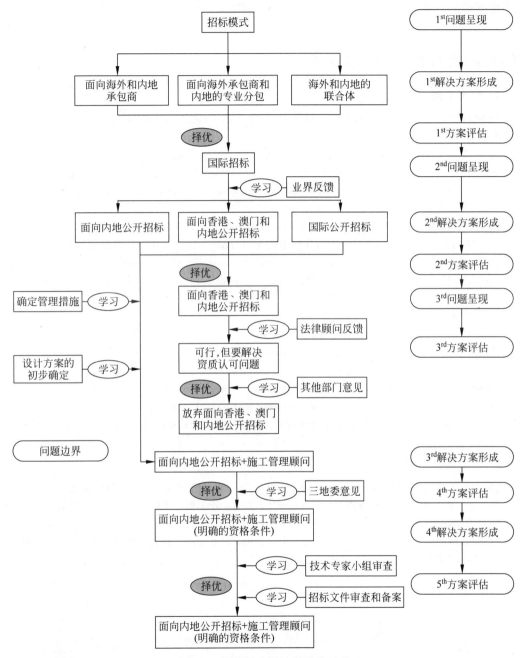

图 7-3　招标模式设计的迭代过程

思考题

1. 试讨论造成解决方案设计迭代的原因,并比较技术解决方案和管理解决方案中,造成迭代原因的异同。

2. 学习过程常依赖社会网络,试分析个人的社会网络对学习过程的影响。

3. 择优过程面临一个解决方案既有优势,也有劣势,试问有哪些方法可以用来解决这类择优问题?

参考文献和引申阅读材料

1. 参考文献

[1] DORST K,CROSS N. Creativity in the design process:co-evolution of problem-solution[J]. Design Studies,2001,22(5):425-437.

[2] DORST K. Co-evolution and emergency in design[J]. Design Studies,2019,65:60-77.

[3] JOHNSON M,BURGESS N,SETHI S. Temporal pacing of outcomes for improving patient flow: Design science research in a National Health Service hospital[J]. Journal of Operations Management, 2020,66(1/2):35-53.

[4] LEVITT B,MARCH J G. Organizational learning[J]. Annual Review of Sociology,1988,14(1):319-340.

[5] MORAIS-STORZ M,NGUYEN N,SÆTRE A S. Post-failure success:Sensemaking in problem representation Reformulation[J]. Journal of Product Innovation Management,2020,37(6):483-505.

[6] CRONIN M A,WEINGART L R. Conflict across representational gaps:Threats to and opportunities for improved communication[J]. Proceedings of the National Academy of Sciences,2019,116(16):7642-7649.

[7] CARLILE P R. Transferring,translating,and transforming:An integrative framework for managing knowledge across boundaries[J]. Organization Science,2004,15(5):555-568.

[8] KRUGER C,CROSS N. Solution driven versus problem driven design:Strategies and outcomes[J]. Design Studies,2006,27(5):527-548.

[9] LENFLE S,LOCH C. Lost roots:How project management came to emphasize control over flexibility and novelty[J]. California Management Review,2010,53(1):32-55.

[10] 盛昭瀚.重大工程管理基础理论:源于中国重大工程管理实践的理论思考[M].南京:南京大学出版社,2020.

2. 引申阅读材料

[1] 高星林,戴建标,阮明华.港珠澳大桥招标策划与实例分析[M].北京:中国计划出版社,2020.

[2] 盛昭瀚,游庆仲.综合集成管理:方法论与范式:苏通大桥工程管理理论的探索[J].复杂系统与复杂性科学,2007,4(2):1-9.

[3] 盛昭瀚,游庆仲,陈国华,等.大型工程综合集成管理:苏通大桥工程管理理论的探索与思考[M].北京:科学出版社,2009.

第 8 章

复杂工程管理问题的解决

虽然复杂工程管理问题解决遵循一般问题解决的步骤，但已呈现出全新的内涵。本章主要介绍复杂工程管理问题解决的一般方法和步骤。

学习目标

（1）理解复杂工程管理问题的特征。

（2）掌握复杂工程管理问题解决的策略。

（3）掌握复杂工程管理问题解决的步骤。

（4）理解治理机制对复杂工程管理问题解决的影响。

8.1 复杂工程管理问题概述

复杂工程管理问题是指既有状态、目标状态以及两者之间的关系不透明、认识不清，并且随着时间的推移，这些状态和关系不断变化。这种状态是由问题本身复杂、理论不足、实践者经验不足等众多因素所导致，并且呈现出整体性属性，难以通过简单分解和还原予以全面的认识。因此，复杂工程管理问题解决的三个阶段（问题研究、解决方案设计与解决方案评估）呈现出全新的内涵。

《华盛顿协议》中的工程教育认证体系分析了"复杂工程问题"的特征，其中包括：

（1）必须有深入的工程知识才能解决。

（2）涉及大范围的和/或有冲突的技术、非技术问题（如伦理、可持续、法律、政治、经济、社会），以及对未来需求的考虑。

（3）没有明显的解决方案，需要抽象思维、创造性及原创分析以构建合适的模型。

（4）涉及不太常见的问题或新问题。

（5）涉及专业工程实践标准和规范涵盖范围之外的问题。

（6）涉及跨工程学科、其他领域和多种不同的利益相关者群体协作，群体具有广泛变化的需求。

（7）包含许多组成部分或子问题，并需要系统方法的高层级问题。

通过研究 1200 名受试者在多种复杂度问题上的表现发现，随着任务复杂度的提升，解决问题的得分降低，时长变长，效率降低[1]。为有效解决复杂工程管理问题，首先需要有效认识复杂工程管理问题。认识复杂工程管理问题可以从问题、理论、实践者以及整体性等角度进行综合分析（如表 8-1 所示）。

表 8-1　认识复杂工程管理问题的角度

角　　度	维　　度
问题角度	问题结构维度：问题与外部环境、任务结构、主体多样性
	信息维度：模糊性、不确定性、不稳定性
	现状—路径—预期维度：当前状态、预期的状态和目标、解决方案（路径）
理论角度	缺少成熟的理论支撑； 缺少已有实践经验支撑
实践者角度	实践者缺乏相关的经验； 实践者的记忆和信息处理的问题； 实践者缺乏认识问题和解决问题的经验； 实践者对解决复杂问题存在心理上的不适
整体性角度	系统要素之间的冲突、协同与涌现

8.1.1　问题角度

1. 复杂工程管理问题结构维度

1）问题与外部环境

问题与环境交互体现在以下方面。①环境与问题交互紧密，且对交互描述不清。如经济环境多变、制度环境严苛、地域文化风俗习惯多样等。②时间压力。复杂工程管理问题的解决存在一定时间窗口以及突出的时间压力。③外部环境容易形成严格的刚性约束，不可调整。如法律法规要求、环保要求等。④从不同尺度看某具体问题，某些复杂工程管理问题是上一层级复杂问题的子问题，上一层问题的解决方案形成该子问题的外部环境。⑤动态性。外部环境会随时间发生改变，进而对问题产生持续变化的影响。

2）任务结构

任务结构，即问题对象，存在以下特征：

（1）子问题规模大、数量多，存在多样的子问题，子问题之间的差异大。

（2）关联性。子问题及要素之间存在强关联性，存在多样的相互依赖关系。

如港珠澳大桥法律研究细分对象之间存在极强的相互依存关系，每一个细分对象的确立、研究因素的变动，都会影响其他细分对象构成的因素，这导致法律研究事实的改变，进而改变法律研究的结论。以港珠澳大桥项目建设范围划分的法律研究为例，如将港珠澳大桥项目作为一个整体建设项目，由粤港澳三地政府共同负责投资建设管理，或将港珠澳大桥项目根据行政区域划分为几段，分别由所在地政府建设管理，其法律研究结果一定不同；而且港珠澳大桥项目选择不同的建设范围划分，必然导致投融资模式、建设管理机制不同，需要面对的法律研究对象也随之发生变化，并导致法律研究结果的不同。

再比如港珠澳大桥决策阶段的八大关键问题相互影响、相互关联，某一个内容的调整都会引发其他问题的调整，如图 8-1 所示。

图 8-1　港珠澳大桥前期决策
阶段的八大关键问题

（3）动态性。子问题的解决方案需要经历多轮的迭代和逼近才能趋于稳定，并且在动态过程中产生大量的变化。

（4）模糊性。即任务的关系、预期目标，甚至当前挑战等方面存在大量模糊不清的认识，或者组织对当前的状况存在相冲突的解读，参与主体需进行广泛探索，在探索过程中不断获取和整合信息。

3）主体多样性

主体多样性体现在以下几方面。①规模大，管理边界模糊，利益相关者多，关系复杂，存在突出的多主体间合作的挑战。②参与主体具有不同的利益诉求，容易形成冲突和矛盾。③参与主体存在认知上的不足，对问题的呈现和解决方案难以形成流畅、全面的推演，需要基于不断收集的信息来动态地构建认知。此外，主体通常并不具备现成的解决问题能力，一方面需要多主体进行密切合作，另一方面需要在过程中进行能力提升。

2. 信息维度

非充分定义是复杂工程管理问题的基本属性。非充分定义是指定义问题的信息不存在或信息过于混杂。典型的如存在信息缺失、问题难以被陈述以及存在多个选择和大量组合。

1）模糊性

模糊性较高意味着存在混淆、缺乏理解、缺乏一致的认识等。如在跨专业（如设计与成本专业）合作中，不同专业对同一对象有不同的解读和认知。针对模糊性，各主体间需要采用争论、澄清等方式来交换彼此的观点，通过达成共同的解读来定义问题和解决冲突。

2）不确定性

不确定性通常是指主体（组织或个人）解决某问题所需要的信息和目前所拥有信息之间的差距，参与主体认识到某一因素，但对其信息掌握有限。不确定性的应对需要获取相关的信息。在港珠澳大桥招标中出现大量的首次工程，招标人对现有交付能力（如技术能力、装备能力等）认识不足，因此需要大量调研来确定当前交付能力和实际需求能力之间的差距，通过调研获得的信息来消除该不确定性。

3）不稳定性

不稳定性是指认识问题的过程存在大量可预期或不可预期的变化。如决策过程基于一定的假设条件，这些假设条件会随着时间产生变化，可能与预期假设相差较远。此外，也可能存在信息不准确和失真等问题，这容易造成对问题的错误认识。过程中无法辨别信息的准确性，或者需要时间来辨别信息的准确性。

并非所有复杂问题都同时满足上述特征，但某个问题满足上述特征越多，越有理由认为该问题是一个复杂问题。

3. 现状—路径—预期维度

复杂工程管理问题在现状—路径—预期维度呈现出突出挑战。其中，现状是指对问题现有状态及对现有知识的认识，路径是指可能采取的解决方案，预期是指预期实现的目标状态。

1）当前状态和问题

对于复杂工程管理问题，可能存在对当前状态不清晰，对现状了解不充分的挑战。对于复杂工程管理问题难以通过简化来促进了解和分析，同时边界范围和约束条件难以具体化。

如港珠澳大桥招标中面临交付能力不足的挑战，如尚无在类似规模和复杂程度工程的经验、装备和技术，但如何体现该不足也缺乏系统性、准确的认知，这需要管理者通过调研来提升认知。

2）预期的状态和目标

对于复杂工程管理问题，预期的状态和目标呈现以下特征：①多种可能预期状态；②预期目标难以量化及赋予一定的权重；③实现途径与预期目标之间存在不确定性；④多目标性，不同目标之间存在冲突，即常出现"既要，又要"等目标需求；⑤甚至存在大量隐含目标，这些隐含目标在过程中才能慢慢浮现。

复杂问题解决过程需要能够充分描述预期状态和特征。因此需要系统地生成、收集和集成信息来描述目标系统的状态。通过争辩、讨论等方式促使不同主体达成一致。

3）解决方案（路径）

解决方案作为路径连接现状和预期结果，主要特征体现在：①缺少结构化解决方案；②解决方案的搜索空间很大；③实现多目标的途径之间存在冲突和相互依赖；④评估方法和评估过程存在较大局限性，难以进行有效评估；⑤面临较大的时间压力。解决方案设计和实施存在交互的动态性，需要迭代生成解决方案、动态决策或交互式问题解决等，而非机械地先设计后再实施的线性关系。

如程泰宁院士[2]在形容建筑设计过程中提到，"就建筑而言，无论经典的'坚固、适用、美观'的三要素，还是当下'适用、经济、美观'的建筑设计三原则，已经完全不能适应设计工作的需要……。这些因素之间，无法像'三原则'那样进行轻重排序（不能加权量化）；也很难区分哪些是'基本范畴'和'派生范畴'；它们之间并不遵循'功能决定形式'或'形式包容功能'此类单向的逻辑关系。在工作中，我更愿意把这些复杂因素之间的关系，看成是由一个个节点所构成的多维立体网络，建筑设计的过程，就是在这个网络中反复游走的过程，建筑师可以根据自己的经验和素养，依赖'直觉'来选择适当的切入点，从而激活整个网络，使得各个问题都能得到相对合理的解决。这就是建筑师所需要具备的思维方式。"

8.1.2 理论角度

复杂工程管理问题解决过程缺少成熟的理论作为支撑，因此具有较强的研究性。典型的问题有如下。

1. 缺少成熟的理论支撑

如《华盛顿协议》中提出的"属于专业工程实践标准和规范涵盖范围之外的问题"。缺少成熟的理论支撑并非完全没有理论支撑，如解决方案设计章节中提到，成熟理论表明有明确设计假设的解决方案设计，但同时也会存在设计假设不明确情形下的解决方案设计。

《战争论》中对战争理论进行了讨论，其中提到，"倘若理论能够探讨构成战争的各个因素，能够比较清晰地划分初看起来好像混淆不清的东西，能够全面阐述其手段的特性，说明手段可能会产生的效果，明确目的的性质，不断批判地阐明战争中的所有问题，那么这样的理论也就完成了自己的任务"。

2. 缺少已有实践经验支撑

由于问题中存在新颖性、独特性等，也没有直接的实践经验可供参考。实践中，多采用相邻领域的实践和经验作为参考,再进行调整和组合。如港珠澳大桥连接一国内施行的三种不同法律制度及行政制度,法律问题研究的高层级、广泛度以及深入程度都是过往实践中所缺乏的。

8.1.3 实践者角度

复杂问题除了客观的任务属性外,还体现在实践者的一种心理体验,呈现出任务和主体之间的紧密交互。

(1)实践者缺乏相关经验。没有相关的经验可以借鉴,过去的工作经验不再适用,难以解决当前的问题。因此,需要一些跨行业的经验启发、理论启发。

(2)实践者的记忆和信息处理的问题。实践者处理问题依赖短期记忆,并且信息处理的问题效率有限,面临复杂问题,其认知有限性更为突出。

(3)实践者缺乏认识问题和解决问题的经验。实践者没有充分的经验和流程等来解决问题,不清楚所采用的解决问题的方法是否可行。

(4)实践者对解决复杂工程管理问题存在心理上的不适应。典型的如:缺少应对复杂工程管理问题的信心,对过程不适应,难以适应存在未知的工作;难以容忍失败、模糊等;难以适应目标不明确、实现途径不清晰等问题解决过程;对解决问题过程的失败、挫折等的忍受力、毅力等面临较大的挑战。这种心理状态虽然在一般工程中存在,但在复杂工程管理问题解决过程中可能会挑战实践者的认知极限,甚至达到了一个极端状态。

8.1.4 整体性角度

虽然实践者可以从问题、理论、实践者等维度对复杂工程管理问题进行分析,但相较于从多维度分析,复杂工程管理问题呈现出复杂整体性特征,即还原不可逆[3]。既有系统要素相互关联形成的复杂性,又有系统整体性传导、衍生而引发的复杂性,还有复杂性与整体性相互纠缠在更高层次上涌现出来的复杂整体性[3]。

复杂整体性引发大量基础性问题,如不同系统要素的差异化作用、系统要素之间的冲突、协同与涌现、主体间合作与冲突、涌现突变等[3]。这些基础性问题带来了巨大的管理挑战,同时赋予了复杂工程管理问题解决全新的内涵。

8.2 复杂工程管理问题解决的总体思路

1. 整体性思维

解决复杂工程管理问题需要保持整体功能导向和系统思维导向。

(1)整体功能导向。在问题研究和解决过程中,始终保持整体功能导向,即关注问题解决方案对最终目标实现程度的影响,强调问题解决方案呈现的总体功能。在缺少理论支撑的情况下,关注系统目的和方向等更有助于揭示隐含性的边界。实践中,如果过于强调过程性规则,则可能不易寻求到最佳的全局性解决方案。

(2)系统思维导向。由于复杂问题具有很强的系统性,因素间关联性较强,虽然降解措施能从分析上可行,但从问题解决的角度,还需保持其整体性。在每一步的降解过程中,都要尽可能减少对系统整体的折损。

整体性思维具体体现在：对问题的复杂整体性进行适度降解，对子问题按照一定的规律和步骤进行研究，在某个阶段对子问题的解决方案加以综合，进而形成整体性解决方案。通过整体功能导向和系统思维导向指导具体的"分析-综合-评估"的实施过程。

（1）在分析阶段，对总体问题进行分解，形成可分析和可管理的子问题集，进而对子问题进行分析，形成子问题的解决方案，进而进行评估。由于子问题的评估结果会是其他子问题的输入条件，子问题的解决过程需要充分考虑子问题与其他子问题之间的关系，以满足系统的整体功能要求。

（2）在综合阶段，对子问题的解决方案按照一定原则进行综合，形成一个整体。总体解决方案可对某些子问题的解决方案进行适度假设，特别是针对预测性较强的问题。

分析是指对问题进行分解，以寻求可管理的模块大小；综合是指站在全局的角度看问题，形成整体性解决方案。

（3）在评估阶段，对总体解决方案进行综合评估，并提出优化改进措施。通过评估来弥补问题分解带来的割裂问题。按照系统原理将各子系统集成以形成整体解决方案。

2. 信息的收集和挖掘

信息是复杂问题解决的重要输入。在实施过程中，需要依据问题的性质有针对地收集和利用信息。

1）应对不确定性问题的信息

应对不确定性的信息可分为以下两类：

（1）知道的不知道。分析者虽然知道有某些因素，但是没有进行细致的阐述，比如对价值诉求、政策、情感方面等需要做深入的调研和分析，才能揭示其对解决方案的影响。对于该类问题，分析者要尽可能挖掘参与主体的信息，对参与主体所处的环境、规范、文化等保持敏感。

（2）不知道的不知道。类似于摸着石头过河，难以用风险管理的方式来预测风险和提出预防措施。需要通过原型、试验等方式来做一些探索。采用类比、案例、反例等方式突破已有的边界，产生新认识和想法。

2）应对模糊性问题的信息

模糊性是指对当前的状况存在多种或相冲突的解读。应对模糊性问题需要通过信息改变理解，消除不一致、不兼容和差异性的信息。与应对不确定性中缺少信息的问题所不同，对模糊性需要争论、澄清等，交换彼此的观点，通过达到一个共同的解读来定义问题和解决冲突。

应对模糊性问题可通过多途径获取信息。①采用对话、访谈的形式。相比较档案、文字等相关资料的调查和分析，对话访谈等方式能更有效促进对模糊观点的澄清。②开放性的交流。创造合适的场景，让各方都能进行开放性交流，阐述问题和提出各自的观点。③征询和跟专业人士交流，充分尊重和吸纳专业人士的建议和观点。同时，通过多途径的信息获取也可以应对信息失真、不稳定的问题。

3）对信息和数据的挖掘

丰富的信息可增进对问题的分析、解决方案的设计以及对解决方案的评估。因此需要对信息和数据进行充分挖掘。①从数据中获取相关的规律和启示。②鼓励发现，鼓励更好的解决方案,促进持续性改进。③注意一些微弱的信息,对信息的获取保持敏感,并对微弱信息能进行深入分析和持续调查。

3. 谨慎和创新平衡

解决复杂工程管理问题既需要严谨,又需要创新性。为实现两者的平衡,可采取以下措施:

(1)创造一种谨慎的文化。对解决方案的设计和实施有一种预先的失败意识,在过程中保持谨慎。①对计划进行反复推敲,并采用首件制、试验等方式进行反复、多重的验证。②避免过度简化,对情景保持敏感,对未来情景进行反复推演。

(2)集权和自主性的平衡。鼓励创新和发散的同时,要对方向进行控制,保持一定的集权有助于充分利用有限资源,并实现子问题之间的相互平衡,实现整体最优。

(3)保持持续学习。通过持续学习把握复杂问题的发展趋势,揭示发展规律。

(4)形成矛盾性认知心态。追求问题解决方案的严谨性和可靠性,但能容忍子问题解决方案尚未达到最优方案,以实现总目标为出发点。

如在北极星计划中,管理者采用一种适度的策略,即整体系统的成功高于任何子系统的成功,有意识地放弃了诸多子系统可获得更大战术性成功的机会,专注于总目标的实现,这也避免了引起多余的干扰。

8.3　复杂工程管理问题的分析和呈现

8.3.1　认识复杂问题

复杂问题通常是非充分定义的,难以从理论上进行直接推演。因此,认识复杂问题需要迭代,强调试验以及参与主体的主观能动性。

1. 认识复杂问题的整体性

虽然复杂问题有整体功能性要求,但认识过程通常是分解式的,通过分解来实现问题的可管理。常见的方式是,首先从某些角度对总体问题进行适度的降解,将未充分定义问题分解成结构化或者相对结构化的子问题,然后针对子问题采用相对应的策略进行解决。实践中,常见的是问题在大范围上未充分定义,但其在小范围内存在结构化[4]。因此要对非充分定义和非结构化的问题进行分析和分解,进而提取部分结构化问题。对问题进行分解也是解决问题的重要过程。对问题本身的认识也很重要,常见的如:可分解的,低相互依赖性;不可分解的,高相互依赖性;近乎可分解的,中等程度相互依赖性[4]。

盛昭瀚[3]提出复杂性降解的思想,"充分利用问题要素属性、关联逻辑以及对复杂系统管理复杂性认知的可变性,通过各种可行路径,合理降低或者分解复杂性,帮助和支持管理主体对管理复杂性的认知与分析,搞清楚复杂性背后的道理和规律,再通过实践思维'复原'问题固有的整体性,以保证复杂性问题或者人造复杂系统实体真实与完整,这就是复杂性降解。"在虚体"可变性"基础上,通过假设与理想化的"降解"行为,帮助和支持管理主体对管理复杂性的认知与分析。其中包括:①提高管理主体认知的降解路径;②改进管理方法的降解路径,如凝练与统筹管理目标、未来情景的"紧缩"、管理方案的比对与迭代;③关联性切割的分解路径,"关联—切割—再关联"的过程。将管理复杂性整体分解为多个复杂性相对较低的部分,在对这些部分复杂性逐一分析、研究的基础上,再将它们"拼装"成原来的整体。

问题降解过程中需要综合平衡尺度大小与抽象程度。通常高层级问题较为抽象,当系统尺度分解到低层级系统时,就会生成越来越多的细节,对问题的描述也会越来越趋于量化和确定。

2. 迭代性认识

对复杂工程管理问题的认知需要一个过程,迭代是该过程的典型特征,通常迭代有两种。

1)通过信息和学习的迭代

该部分迭代主要是通过信息的补充来改进认知。如在港珠澳大桥的钢箱梁采购与施工招标中招标模式选择,市场调研和技术交流起到了关键性作用。通过前期函调显示受访企业均倾向于业主应该介入钢材供应,当时大型的跨江、跨海的类似项目较多采用甲控模式,并且甲控模式类型较多。函调中部分企业也反映部分项目业主直接供料模式(甲供)容易带来钢材供应涉及环节多、时间长、信息变形和扯皮现象、质量纠纷处理非常复杂。并且函调企业推荐先招制造企业,再招钢厂,并提出要发挥钢厂的地缘优势,如运输成本方面和供应及时性等。一系列调研所提供的信息提升了招标人对招标模式的认知。

2)通过利益和观念的转变所带来的迭代

该类问题是可以通过利益和观念的转变实现迭代,典型问题如利益者的诉求不一致问题。各类工程的选址问题是典型的转变类迭代。如京沪高铁上海站的选址,铁道部的意见是坚持全国高速路网都采用轮轨建设,所以建议京沪高铁的上海站选址在七宝镇,这样下一步建设从上海到杭州的轻轨高铁路线会比较平顺。但是七宝镇到上海的其他交通设施的距离较远,不易形成综合交通枢纽。上海的意见是在虹桥建交通枢纽。但铁道部认为如果京沪高铁终点放在虹桥,将来高铁延伸到杭州,就要又进来又出去,不方便。

再比如港珠澳大桥桥位和着陆点决策问题的复杂性主要是由决策主体之间的利益冲突、自然环境和生态环境的复杂多变以及决策问题相互关联造成的。其中,在主体利益方面,港珠澳大桥的建设会对粤港澳三地的城市规划、交通网络布局等方面产生直接影响,因此三地政府均立足于各自立场,对着陆点及线位走向提出种种意见,这样不可避免地存在地方利益之间,以及地方利益与整体利益之间的矛盾与冲突。该类迭代来自主体利益诉求的不断释放。

8.3.2　边界条件分析

边界条件类似于求解的约束条件,但形式上更为丰富,如有些边界条件是未知的,有些边界条件是已知的。问题的边界条件是认识问题的基础,不同层级边界条件存在差异性。解决复杂问题,一方面需要分析和确定边界条件,另一方面也需要管理边界条件。

1. 分析和确定边界条件

(1)已知的边界条件,对问题解决的影响是已知的。如工期、成本、质量等目标要求对管理问题的影响程度是已知的,解决方案的设计需要在该边界条件下进行推演。

(2)已知的边界条件,但对问题解决的影响未知。该未知主要来自首次或创新程度较高。如在港珠澳大桥主体工程招标中,虽然法律法规的要求是已知的,但是对"内地及港澳地区的公开招标"的模式论证过程存在未知的影响,管理局在尝试过程中发现难度很大,最后不得不放弃该模式。

（3）未知的边界条件,对问题解决的影响不可预测。未知的边界条件体现在对未来发生情况的不可预测,不清楚要发生什么事,以及发生的概率等。如在策划施工招标的时候,如果设计图还没完成,则其工作量、施工方案等都是未知的,对这种未知难以进行预测,需要等待设计图纸完成之后才能消除。在港珠澳大桥主体工程桥面铺装的招标中,设计方案处于不断的试验过程,设计方案的不确定对招标策略有不可预测的影响。设计方案不定,诸多内容都处于变化、假设阶段,并且对这种影响难以充分预测。

2. 管理边界条件

当边界条件对问题的呈现和解决方案的搜索有不可预测的影响时,也可主动管理这些边界条件,使其朝有利方向发展。

（1）问题边界的扩展。如从功能或需求角度进行扩展,功能扩展主要是从问题解决最终要实现的功能入手,以功能实现为最终目标,而非关注解决问题方法和工具。这样能扩展对解决方案的搜索。

（2）边界假设条件的分析。对于有些边界条件,在问题解决过程中还会发生较大变化,并存在较强的不可预测性。如北京地铁案例中,"北京讨论从崇文门到北边的立水桥南北走向的地铁的时候,开始为了节省经费,想在北三环就露出地面,三环以外是地面的轻轨。但从长远看,尽可能在地下走,为今后地面发展留出空间。后来折中在北四环露出地面"。边界条件发生了变化,整体方案要做出调整和改变。

（3）引导问题边界条件的发展。某些情况下,在对边界条件未知,但是解决方案早于边界条件稳定,可以引导边界条件朝有利方向发展,为解决方案创造合适的边界条件。

8.3.3　目标设计

目标设计是复杂工程问题解决的重要环节,是解决复杂问题要实现的预期状态。虽然在解决问题过程中将对问题进行分解,但最终要实现的整体功能可通过目标来衡量,目标设计体现了复杂问题解决的整体性思维。

1. 目标的层级性

目标层级性体现在较高层级较为抽象,较低层级更为具体。抽象目标更能体现愿景,凝聚共识,作为整体性原则,作为决策准则。如港珠澳大桥主体工程的建设目标是"建设世界级跨海通道,为用户提供优质服务,成为地标性建筑",并在所有的招标文件的前言中阐述"港珠澳大桥管理局将秉承上述理念,与参建各方构建开放、平等、协同、互信的合作伙伴关系,携手致力于达成上述目标"。但由于抽象目标不具体,对指导操作行为存在一定的困难,存在较大的解读空间。下层级目标需要更为具体,以指导具体操作行为,如项目的成本、进度、质量目标等。但具体目标也存在不足,如挤压创新和学习,忽视非目标之外的因素。因此需要对目标层级进行综合设计。

2. 目标的适应性

对于某些复杂问题,存在没有明确目标的情况。此外,随着时间的变化,对目标也可能进行调整。在该情况下,目标设计具有弹性和适应性,如表8-2所示的四种类型。

复杂问题解决需要建立适应性愿景，这是因为：①团队能力在最开始阶段通常是不明朗的，成员合作在交互过程中才能慢慢出现；②适应性可以留足一些空间，让参与主体塑造并影响后续进程；③实施过程中，外部环境会发展变化。

表 8-2　目标设置的权变因素

	参与主体的诉求充分呈现	参与主体的诉求难以充分呈现
较为清晰的最终目标	路径—目标方式	探索式
没有最终目标	变异选择	适应性愿景

港珠澳大桥的着陆点和桥位走线方案决策问题充分体现了目标设计的适应性过程。桥位及着陆点决策方案通过大量的迭代、调整和优化，形成最终的着陆点和桥位走线方案，目标才得以最终确定。在方案没有完全成型之前，参与主体的诉求并未充分释放，存在大量探索和商讨。在粤港澳三地着陆点以及三大类六个桥位走线方案初步确立之后，港珠澳三地经过反复协商和共同决策。决策过程中，充分尊重各方意见，综合平衡各方切身利益。粤港澳三方对各自境内的着陆点有权发表同意和反对意见，在协调小组协调好三方的意见之后做出最终决定。

8.3.4　复杂工程管理问题的降解和呈现

1. 复杂问题降解的途径

虽然复杂整体性强调不能用还原论的方法处理问题，但是复杂问题是可以列举的，通过多种适应性行为的"降解"，进行分层及转换，对其复杂性适当、合理地"降低"或者"分解"，从而将其变成一个个相对"低阶""简单"的问题[3]。针对复杂工程管理问题，进行一定程度的降解之后，形成不同类型、不同层级的子问题，并确定子问题的相互关系。

1）对问题进行分解

问题分解的总体逻辑遵循多尺度管理原则，即提炼问题中相似的维度，进行划分，进而形成子问题。多尺度管理主要由以下两个阶段组成。第一阶段：基于还原论思维对维度进行尺度划分，并通过提取不同尺度特征，分析与管理要素的关联以及对总体问题解决的影响。第二阶段：基于整体论思维对多尺度分析进行维度层次上的整合[3]。

王建国院士认为城镇建筑遗产保护具有多尺度特征。城镇建筑遗产主要由历史城镇（城市）、历史街区、历史建筑与更加广义的具有适应性再利用价值的既有建筑三个层次的内容构成。尺度一指城镇的自然山水、历史格局和风貌特色，对应的是城镇地理尺度，及人的集聚流动、多元生活体验等；尺度二指城镇各类历史街区的保护再生和适应性利用，对应的是社区尺度，及人居生活、生产和文化活动与社区环境等；尺度三指建筑遗产的保护、改造和利用，对应的是建筑物、构筑物和建筑群[5]。

吴良镛院士提出"人居科学以系统性和层次性的观点研究人类聚落及其环境的空间结构，包括五大层次，即聚落的五个尺度：全球、区域、城市、社区、建筑，以及五大系统，即构成聚落的五个要素：自然、社会、人、居住、支撑网络。"

（1）按相互依赖性划分

任务间相互依赖性是指如果执行某一个任务实现的价值低于执行两个任务，就可认为这两个任务相互依赖[6]。相互依赖性关系包括并行、顺次、循环(见表8-3)。也有一些工具可辅助分析相互依赖性,如设计结构矩阵使管理过程更易于可视化,并有助于分析以及改进系统要素之间的依赖性。

表 8-3 子问题的相互依赖性关系

依赖关系类型	示 意	应 对 措 施
并行的依赖关系	子问题1 子问题2 → 子问题3	标准化的程序与操作流程
顺次的依赖关系	子问题1 → 子问题2	考虑适应性(弹性)的计划与进度安排
循环的依赖关系	子问题1 → 子问题2	不断地信息共享与相互间调整

参考:文献[7]。

对系统(问题)分解和集成过程中要注意:

① 通过强化子问题内部的一致性和弱化外在的双向相互依赖性来形成子问题模块。如在招标策划过程中,将招标文件划分为技术、商务、法律等子模块。

② 控制子问题的规模,以避免复杂子问题。

③ 针对不同的相互依赖关系,采取针对性措施(见表8-3)。

④ 考虑问题的关键性程度,对问题解决的轻重缓急进行分析,首先识别出最关键子问题,以及依赖于关键子问题的问题。如在招标的问题中,先稳定招标模式,以此为基础,编制资格预审文件和招标文件。避免子问题间反复迭代和修改。

⑤ 及时更新不同子问题的信息,特别是更新不同子问题的初步信息,这有助于进一步刻画子问题的边界条件。

(2)按管理方式差异性划分

按管理方式差异性划分也较为常见,典型的有以下几种:

① 针对可计划和不可计划的划分。有些工作是可计划的,能清晰描述过程,可描述阶段性产出,比如一般工厂的生产环节、房地产开发项目的施工环节等,可以针对活动、持续时间等做出很细的计划,进而有后续的执行、检查和处理。相对应的,有些工作难以清晰计划,不清楚中间的过程环节,也不清楚具体的产出等,比如研发项目、建筑设计项目、工程建设的技术创新、抢险救灾等,很难对过程描述清楚。对不可计划和可计划的工作内容,控制方式存在差异,如常规的成果和行为控制的前提是成果或过程可描述,因此适合于可计划的内容。而对于不可计划部分,可突出社会化控制的使用。

② 问题的多目标属性。对该类问题主要评估和确定多目标的优先级,进而根据目标层级设计对应的解决方案。

③ 问题的情景不透明。对该类问题主要通过调研、试验等形成信息,促进对问题的认识。

④ 系统的动态性。对该类问题主要通过动态的评估和决策。

⑤ 管理者的利益诉求。对该类问题主要通过沟通、谈判等方式达成利益一致性。

2）主体认知的提升和多主体的一致

通过学习提升主体认知也是复杂问题降解的重要方面。通过调研来获取更多的信息，以弥补主体对当前问题以及实施路径的认知不足。主体主要通过学习来提升认知。学习一方面来自于新获取的信息和知识，另一方面来自于试验和改进，通过试错、调整的方式进行学习，在反思中学习。

此外，当涉及多主体参与问题解决时，多主体也需要达成利益一致和观点一致。一方面，需要分析多主体的相互依赖性。主体间相互依赖性是指主体 A 的获得取决于主体 B[6]，取决于激励结构设计。另一方面，需要进行主体间的信息和观点交换，进行反馈和讨论，形成一致性观点。

3）情景规划和推演

由于复杂问题存在突出的动态变化特征，所以主体需要形成动态认识。情景规划和推演可联系过往、当前和未来，进行综合分析。对未来发展情况进行预测，进而前置到决策环节进行考虑。对未来情景的预测不是通过规则预测，而是对未来的情景进行充分的描述，类似于作战的推演。研究者通过对英国的调研发现超过三分之一的组织在战略领域采用情景规划的方法[8]。

情景规划和推演需要充分挖掘因素之间的联系和规律，并联系子问题情景的过去、现在和未来，以动态视角进行分析。对"已经发生""正在发生"和"将来可能发生"的情景进行分析，解释其形成的原因，发现其中的规律。

2. 复杂问题的呈现

复杂问题的呈现包括单个子问题的呈现和多子问题的同时呈现。前者需要对子问题迭代，后者需要对多子问题并发迭代。

1）由粗到细的过程

复杂问题在不同时间点呈现会有差异，如在早期呈现较为模糊，只有一个轮廓以及一些关键性的问题，在认识不断加深之后，呈现精度将会加深。如同设计从草图到方案的过程。

由粗到细的过程是认知能力的改变所致。解决问题过程中，参与主体认知能力提升，进而驾驭系统的能力增强。港珠澳大桥的法律问题主要采用四个过程性的呈现：①法律环境全面探讨期；②可能预见的法律问题提出及研究对象初步细分期；③分别对细分对象进行初步法律研究期；④在某些专门问题研究中，如有必要，还会存在一个对部分细分对象跟进研究期。在第二阶段提出的可预见的法律问题分为 5 个大类，31 个问题，64 个细分问题。

2）由主到次的过程

由主到次是先呈现主要子问题，并稳定了主要子问题的解决方案后，再扩展到其他子问题。在系统要素相互依赖性很强的情况下，优先解决影响最大的子问题，然后扩展增加相对独立的子问题。

《贝聿铭全集》中提到，"你必须了解并接受一个项目自身的制约，找出项目的症结及轻重缓急，做完了这些才可能找到解决方案。不考虑问题就空想解决方案是白费力气。在这个阶段还谈不上具体的设计，也就是说，在处理建筑范畴的造型、空间、光线和运动之前，必须抽丝剥茧，从复杂的要求中觅到其精髓。要做到这一点不容易，是要花不少时间的。你首先得剥离次要的抽象的部分。这一点是老子的理论，他将语言简化到绝对必要的精髓部分。而我的做法也是不断简化，一旦你找到了关键问题，就可以各个击破，在这个过程中，你必须一直清楚地认识到问题的症结所在。因此,整个过程从复杂开始,不断简化,直到最为精简,随后在建筑的具体开发和细节处理上再次回归复杂。"

杭州湾大桥建设论证初期面临三个关键问题：①杭州湾跨海大桥跨度大,地处杭州湾口,要分析建桥后给杭州湾沿岸的港口的影响；②建设杭州湾跨海大桥对钱塘江涌潮会带来什么样的影响；③工程设计方案,包括大桥通航净空问题。

吴良镛院士提出"复杂问题有限求解"的方法论,即以现实问题为导向,化错综复杂的问题为有限关键问题,明确不同层次的工作重点,寻找在相关系统的有限层次中求解的途径。"人居环境具有多层级的特征,不同层级要抓住各自层级的关键问题"。

3）过程性评估和决策

由于复杂问题呈现是由粗到细、由主到次的过程,其中必然存在大量过程性评估和决策,进而进行动态迭代和逼近。在决策和选择之后,形成新方案,可能引申出新问题需要重新呈现。在不同阶段,所呈现的子问题存在进一步细化的可能,再对细化的子问题设计解决方案,进行评估,再调整,直到整体被接受。

4）依赖共同问题的载体

由粗到细、由主到次均是解决问题的逻辑过程,主要存在于参与主体的主观认识中。在解决问题过程中,这些逻辑过程都依附于特定的载体,问题的载体可作为不同参与者形成共识的基础。如港珠澳招标过程中,过程性问题的解决均依附于特定的载体,该载体作为重要的协调工具,从最早期的招标策略,到招标大纲,再到招标文件。问题的粗细、主次的变化过程体现在"招标策略—招标大纲—招标文件"的细化过程。不同阶段的问题都依附在这些文件当中。

8.4　复杂工程管理问题的解决方案设计与评估

8.4.1　解决方案的搜索

复杂问题的解决方案搜索可从总体解决方案和单个解决方案两层面来考虑。

1. 总体解决方案的搜索

解决方案搜索从几个子问题开始搜索要优于直接搜索整体解决方案,但设计者要有整体性理念,并进行持续的评估和扩大关注点。

1）系统性

系统性是指保持整体性思维,意识到问题的复杂整体性。虽然操作上,通常从几个子问题开始搜索要优于直接搜索整体解决方案,但设计者需要整体性思维,进行持续的评估和扩大搜索的关注点。其中有几种途径：

（1）关注子问题解决方案与其他问题之间的联系。如果子问题的解决方案会形成其他子问题的边界条件,则要对相互间的联系进行针对性的分析。

（2）解决方案设计的信息获取方面。当信息在某一子问题很难被获取时,解决问题的活动要倾向于这一子问题,如设置调研、试验、研讨等；当信息在多个子问题中难以被获取时,解决问题的活动需要在多个子问题之间进行迭代；当多子问题迭代的成本很高时,可考虑将问题分解,每个问题针对一个信息获取点。

（3）评估方面。虽然子问题的解决方案存在自身的评估指标，但各子问题的评估指标要服从总体的评估指标要求。操作过程中，可以自上而下，从总体指标分解到子问题的评估指标；也可以自下而上，先评估子问题的评估指标，再进行整体评估。两者的迭代过程存在差异，自上而下的方式主要是系统层面的迭代，而自下而上需要在子问题内充分迭代，再从系统角度进行迭代。

2）明确总体策略

相比较一般问题解决，复杂问题解决更强调策略和执行的分离，策略有助于确定方向，以及明确解决方案搜索的基本准则，同时策略也是解决方案设计的关键决策指标，用于评价解决方案是否能满足预期目标要求。

港珠澳大桥主体工程的招标工作的总体策略包括：①回归本质，准确定位，系统认知——实施招标边界条件分析与研判；②目标分解，找准任务，顶层设计——招标总体策划与体系构建；③解放思想，创新驱动，资源整合——以目标和问题为导向实施市场调查与技术交流；④机制设计，合理定价，合同驱动——系统开展招标文件编审；⑤有效管控，伙伴关系，阳光操作——ISO 程序化、标准化的开评标。

港珠澳大桥项目管理的理念包括以下几方面。①设计理念：全寿命周期规划，需求引导设计。②施工理念：大型化、标准化、工厂化、装配化。③管理理念：伙伴关系、立足自主创新、整合全球资源。④发展理念：绿色环保、开放共享、可持续发展。

3）确定子问题的优先级和搜索顺序

（1）优先解决关键性子问题，然后再扩展。

（2）系统要素相互依赖性很强情况下，优先解决影响最大的子问题，然后扩展增加相对独立的子问题。如重大工程的招标过程中，招标模式会影响其他的子问题，因此需要首先解决该子问题。

（3）搜索方式的选择需要考虑外界约束条件，如在强时间约束下，一次性寻求整体解决方案会更有效，以防止短期内的反复迭代。

对于子问题的搜索顺序，常见的有并发搜索和顺序搜索。并发搜索是指同时针对多个问题点进行搜索，相互之间不产生干扰；顺序搜索是指针对单个问题进行搜索，形成解决方案后，再进入下一子问题的搜索。选择不同的搜索方式主要受子问题的重要性、相互依赖性等因素的影响。

2. 子问题解决方案的搜索

通过降解可形成不同类型的子问题，对于常规性的问题可依赖一般问题解决方案的搜索。而复杂的子问题的搜索存在一定差异，呈现出迭代、逼近的特征。因此可采用学习和择优两个促进迭代的机制。实施上可以考虑：

1）多方案比选

对于复杂子问题，通常需要设计多个潜在解决方案，并从中对比选择，或者对多个方案的要素再组合形成新方案。多方案并行设计时，需要注意方案的数量、方案的差异性、方案的质量，形成尽可能多的备选方案，保证数量的同时也要保证一定的质量。

多方案比选中，需要注意：①尽可能地减小相互干扰；②减少评估的约束；③减小设计者之间的相互干扰；④创造有利于设计的环境，如开放性讨论等。

2）学习

（1）采用远距离搜索。远距离搜索是指学习认知上距离较远，即设计者不熟悉或接触较少的领域。如港珠澳大桥在招标策划过程中，对高铁行业、石化行业等进行了调研。

（2）保持搜索宽度，获得更丰富的信息。复杂环境中需要关注搜索的宽度，即多样性的问题。通过试验、理论、推演等多渠道获取信息。鼓励发现更好的解决方案，促进持续改进。同时注意一些微弱的信息，对信息的获取保持敏感，并对信息进行深入分析和持续调查。

3）对子问题的边界条件保持敏感

复杂子问题解决方案的搜索的边界条件处于不断变化过程中，直接影响子问题解决方案的搜索。

在港珠澳大桥招标中，未知的边界条件对招标模式的影响不可预测。如桥面铺装施工是以批准施工图设计进行招标。因此，桥面铺装施工招标模式与设计方案关系密切。但在开始招标策划时，设计方案处于试验阶段，设计方案的不确定性对招标模式设计有不可预测的影响，该影响只有等设计方案稳定后才能被消除。

8.4.2　解决方案的系统性设计

1. 总体协调和平衡

总体平衡是指在约束条件下，对解决方案实现目标情况的综合性平衡，而非侧重单一子问题或者单一目标。

（1）突出最高目标。最高目标是协调和平衡解决方案的重要决策因素。如目标之间存在冲突，需要找到平衡目标冲突的方法。

（2）符合刚性边界条件约束。如法律法规要求、技术可行性等。

（3）统一的协调对象。由于解决方案设计过程中存在大量迭代、多主体参与等特征，需要一个可以增进大家共同认识的协调对象，进而有助于促进参与主体对问题解决的一致理解，促使大家都能朝同一方向努力。

在港珠澳大桥的招标中，在明确招标文件的编制思路和方向后，招标人采用工作大纲来作为关键协调对象，招标工作大纲是指在招标策略的引领下，分解重点与难点，研究得出初步的应对措施，以及明确后续招标文件编制工作的组织分工、各章节完成节点时间安排等。招标工作大纲用于指导后续招标文件的编写，其中包括以下几方面。①总体框架：初拟招标文件目录以及各章节主办部门。②招标策略与思路：招标模式、招标范围及标段划分、招标文件重大问题。③招标文件具体各章需要明确的问题。④初步时间安排及任务：包括工作内容、时间安排、牵头领导（部门）、承担单位（配合部门）。⑤下一步招标文件编制需明确的主要问题。⑥招标文件编制参考依据。⑦招标控制价调研由计划合同部同步开展，或紧随市场调研之后。

同样在港珠澳大桥决策阶段，中华白海豚保护决策主要包括桥位穿越白海豚保护区、保护区调整、生态补偿三大问题，其中《专题研究报告》作为关键协调对象，三个决策问题解决过程都是围绕《专题研究报告》进行补充完善，该问题的解决也是以《专题研究报告》得到批复为标志。

（4）总体平衡需要考虑系统要素的层次性。

（5）由于早期信息较少，解决关键子问题可更好地稳定对总体问题的认识和稳定边界条件。

2. 并发迭代

通过频繁的信息交换来促进紧密耦合的子问题的解决，通过频繁的"设计—评估—修改"的过程来对子问题解决方案进行迭代。

如成本子系统与功能要求子系统，由于设计单位完成设计工作，成本部门对设计工作进行成本估计，两个系统相互平行。通过两者之间的并发迭代工作来实现整体的平衡。

3. 解决方案矛盾的解决

复杂问题解决方案设计中，矛盾是普遍存在的。设计者需要在设计过程中不断发现和解决矛盾，以推动总体解决方案的设计。TRIZ 理论认为产品创新的标志是解决或移走设计中的冲突，而产生新的有竞争力的解决方案。

解决方案的矛盾存在于：①子问题解决方案之间相冲突；②子问题解决方案与边界条件相冲突；③子问题解决方案与目标达成不一致；④不同参与主体的利益冲突。解决方案存在冲突时，需要形成一定的冲突解决机制，充分考虑不同利益相关者的利益诉求。

以两个案例来分析矛盾的解决。第一个案例是关于港珠澳大桥的白海豚保护问题。港珠澳大桥的桥位走线方案穿越了珠江口中华白海豚保护区。把中华白海豚保护决策作为一个整体，把桥位穿越保护区、调整保护区内部功能区划、生态补偿方案作为整体的三个部分，以整个决策的总目标来协调各个部分相互矛盾的目标。桥位穿越保护区的目标是满足之前选择的礁石湾北线的桥位走线方案。调整保护区内部功能区划是为了避免大桥在保护区内施工与法律冲突，其目标是使中华白海豚保护区的面积不因大桥占用而减少。生态补偿的原因是大桥穿越保护区会影响白海豚的生态环境，同时大桥施工和运营期间会对白海豚造成不利影响的冲突，其目标是通过各种措施将大桥对白海豚的影响降到最低程度，这有利于白海豚的未来生存。

第二个案例是洋山港的建设。洋山港行政隶属是浙江，周边海域由浙江分管，船舶进入洋山港海域需要领航，会收取一定费用，由上海港务局或是浙江的港务部门领航，谁来收费是个难题。最后，洋山港的管辖权归上海，行政隶属仍归浙江，上海同意将领航费的收入归浙江，原岛的居民自由选择，愿意迁往上海的由上海负责安置。

8.4.3　复杂工程管理问题的解决方案评估

1. 评估对象

1）子问题解决方案的评估

总体问题的分解使得系统会变成模块化，因此需要针对某些关键子问题的解决方案进行评估，以稳定和明晰关键子问题的影响，从而有助于推进整体系统问题的呈现以及其他子问题解决方案的搜索。

在评估阶段，子问题解决方案的评估朝着满足子问题目标和总体目标方面进行综合评估。子问题目标是解决单个问题所需实现的目标，该目标通常是由总体目标赋予的。此外，子问题解决方案的评估需要满足子问题和总体问题的约束条件要求，不能突破约束条件。

2）整体解决方案评估

整体解决方案评估以实现最高层目标为评价指标。在满足约束条件下，整体解决方案需要能实现系统的总体目标。

2. 评估方法

（1）最满意而非最优。收集信息的有限导致难以穷举所有解决方案以确定最优方案，因此通常在有限数量的方案中选择最满意的。

（2）动态评估和决策。复杂问题解决方案设计是一个渐进和迭代的过程，而评估是促使解决方案渐进和迭代的节点。动态评估涉及对解决方案不断细化过程。

动态评估一方面来自解决方案技术上的复杂性，另一方面来自对于主体的认知提升，以及多主体认知达成一致。认知的提升指主体对问题解决方案的边界、解决方案、其他参与方的诉求等有了更为充分的认知。达成一致是指各主体之间反复沟通、反复研讨、反复谈判，最终形成大家都能接受的满意方案。

如针对港珠澳大桥中华白海豚的保护问题是典型的动态评估。首先存在港珠澳大桥桥位是否穿越保护区的问题，在确定穿越保护区后才产生保护区功能区划如何调整的问题，接着是临时调整功能区划以及大桥对中华白海豚的影响而导致的中华白海豚生态补偿问题。

3. 评估指标

评估指标主要来自于目标、约束条件、各方满意因素等方面。

（1）评估解决方案是否能满足预期设定的目标要求。港珠澳大桥工程目标系统包括工程功能、经济、社会、生态、战略目标等，中华白海豚保护决策是典型的功能目标与生态目标的共同达成。

（2）评估解决方案是否突破约束条件的限制，如法律法规、资源约束、时间要求的约束、技术可行的约束等。约束因素会随着对问题的深入认识而逐渐揭示。

如在港珠澳大桥口岸模式的问题解决中，最初从司法管辖、可实施性、交通条件、通关条件、运作管理条件和投资等方面对"一地三检"和"三地三检"进行综合比选，推荐"一地三检"口岸布设方式。但"一地三检"并未获得国家发展和改革委员会、国务院港澳事务办公室、珠海、香港和广东方的认同。后续在调研深港西部通道深圳湾"一地两检"、国务院港澳事务办公室等时，对"一地三检"协调问题和司法管辖权有了更为深刻的认识，并认为司法管辖权会成为制约因素。

（3）各方满意是指解决方案能否有效权衡来自不同参与主体的利益诉求。

4. 评估主体需融入利益相关者的诉求和参与

由于复杂问题的不确定性、涉及众多利益相关者等特征，需要设置多重评估以确保其有效性和可靠性。需要对解决方案进行跨专业、跨部门、跨层级的多重论证。

在港珠澳大桥招标中，招标文件初稿编制完成后，管理局依据项目所涉及人员和部门，结合法律法规及有关管理规定，制定了"四审一备"的招标文件审核修改工作方法，即招标文件编制工作小组内部审查、管理局法务审查、管理局领导及招标领导小组审查、三地委审查，最后上报行业主管部门来核备招标文件。

在中华白海豚保护决策过程中，多次召开《专题研究报告》专家评审会议、协调小组会议、专责小组会议。会议中，各方专家进行充分交流和讨论。针对《专题研究报告》，南海水产研究所、广东省海洋与渔业局、农业部渔业局等组织多场专家评审会。首先，协调小组办公室将《专题研究报告》上报各个组织，向有关部门申请允许大桥穿越保护区，并就生态补偿问题与有关部门沟通交流。南海水产研究所经过技术、经济、法律等多角度分析，提出大桥对白海豚不利影响的减缓措施，形成并论证各种调整保护区方案，完成《专题研究报告》。广东省海洋与渔业局主要召开专家评审会议，批准报告上报，形成初始补偿方案。农业部渔业局主要负责展开专家会议，批准大桥线位穿越保护区，批准报告。广东省发改委主要就生态补偿提出意见。三地政府主要就三个决策问题提出同意与否的意见。

5. 实施阶段的评估与调整

对复杂问题解决方案需要在执行过程中进行严密监督，以及进行适应性调整。调整的原因来自早期的认识不足，以及环境的持续变化。

8.5　复杂工程管理问题解决对组织和管理者的要求

8.5.1　治理结构的要求

复杂问题解决的治理结构涉及对参与解决问题主体的责任和工作范围的确定，常包括组织结构、激励、决策机制等内容。

1. 参与主体

复杂问题解决需要大量的时间和精力来协调利益相关者，以及促使他们接受解决方案。治理机制确定问题解决过程由谁参与，并且确定参与主体的责任界面和相互关系。治理机制能够形成一种机制来防止对抗和维持问题解决过程的韧性。

1）参与主体的界定

（1）确定参与主体的涉及范围，主要梳理问题解决过程以及解决方案实施中会影响到的主体，充分考虑不同利益相关者的利益诉求。

（2）对主体责任进行划分可采用常见的 RACI 责任矩阵：谁负责（responsible）、谁批准（accountable）、咨询谁（consulted）、通知谁（informed）。或者按其他类型划分，如重点管理（利益相关性高且影响力大）、随时告知（利益相关性大但影响力不大）、令其满意（利益相关性不大但影响力比较大）、监督（利益相关性不大且影响力不大）。

（3）从过程维度，建立问题研究、解决方案设计、方案评估、方案实施的管理矩阵。需要在治理结构中设计发声机制、沟通机制、决策机制、谈判机制等。

2）治理结构

常见的治理结构有以下关系类型：

（1）企业内部关系

企业内部关系主要关注企业内部部门的员工。对于复杂问题的解决，常以寄生式项目组织形式存在，如设立工作小组和领导小组的方式。该组织对问题解决方案的可行性负责。寄生式组织寄生于企业组织之上，不需要建立新组织机构，对企业原组织机构影响小，管理成本较低,设置比较灵活。但如果组织存在多职能部门参加,不同职能部门之间可能存在协调困难、互相推诿等问题,同时如果由某一职能部门负责,则容易出现比较狭隘、不全面,决策可能不反映总目标和企业的最佳利益等。

港珠澳大桥招标项目实施分类管理、分层负责的管理模式,项目招标组织架构由决策层(招标工作领导小组)、统筹层(招标工作小组)和执行层(计划合同部及各工程业务部门)构成,这些都是企业内部关系,如图 8-2 所示。

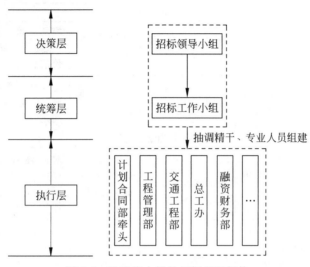

图 8-2 港珠澳大桥的招标组织架构

（2）合同关系

合同关系是指通过合同把一部分解决方案的搜索和设计外包给其他企业。如咨询业务(如会计、法律等)方面常采用合同的方式外包。合同委托在问题解决方面有一定的优势,如能较快获得专业知识、可选择最优的专业能力。通常外部合作单位所解决的问题能够被有效定义。委托方能分离出该问题,并具备选择合适外部合作单位的能力,能在过程中监督问题解决方案是否满足要求。

如港珠澳大桥在可行性论证阶段共完成 29 个专题,46 个分报告,其中分报告均采用外部委托的方式,充分调用外部的资源和力量来解决问题。这些问题相对也是可被分离的。

（3）同行关系

同行关系是通过咨询同行的意见来解决问题,如通过市场调研、咨询过往的合作伙伴、社会关系等。同行可以参与问题研究、解决方案设计和评估三个阶段。同行的经验比较容易被获取、范围较宽、样式较多,并且获取信息的方式多样,如问卷、访谈、座谈、观察、档案资料等,但可能存在隐藏信息或曲解信息等问题。

（4）行政关系

行政关系是指审批、监督、评价等职能部门执行的工作,主要依赖正式规则赋予的权力。企业活动需要接受外部监督。

不同的组织关系具有各自的优劣势,具体见表 8-4。

表 8-4　复杂问题解决的治理结构

参　与　者	角　色	方　法	时　间	优　势	问　题
同行关系					
调研的同行,相近行业或者其他行业	对问题解决、边界条件解决方案设计和评价提供输入	问卷、访谈、座谈、观察、档案资料等	问题解决的全过程	比较容易获取、范围较宽、样式较多	隐藏信息或曲解信息
合同关系					
临时委托的技术专家	提供评估意见和建议	技术评估和评审	形成解决方案后	容易获取、范围广、提供关键评价信息	理解问题的时间较短
合同委托方	针对合同内容提供专业服务	合同	合同期限内	专业化的知识、充分定义的问题	监督的成本
企业内部关系					
领导小组(或决策层)	站在企业的角度进行决策	内部制度规定	问题解决的全过程	对问题有总体评估、对风险和可行性有总体评估	对技术细节的专业性较弱
工作小组(或执行层)	确定问题边界、呈现问题、设计解决方案与评估	内部制度规定	问题解决的全过程	对问题有总体评估、对风险和可行性有总体评估	对技术细节的专业性较弱,依赖外部人员的输入
行政关系					
政府主管部门	从法律和规章角度进行评审	法律和规章角度	形成解决方案后	合法性	缺少弹性

2. 组织分工

复杂问题解决过程通常由多个组织和个人来参与实施。组织结构、分工与解决方案搜寻和设计紧密相关:

(1)研究发现集权化的决策可提高稳定性和搜寻的速度,但难以保证解决方案的质量。过于集中的问题分析,并不一定会带来最好的解决方案,更为重要的是明确问题的范围和收集与问题相关的信息以及确定一些优先指标。

(2)分权情况下,牵头部门确定问题解决的次序,这样利于不同部门平行推进,后者会带来大量迭代协调工作。此外,融入一线人员能提高解决方案的质量和缩小搜索的范围。

问题解决过程中,需要参与主体的多样性[9]。研究发现除了很简单、复杂度很低的任务,群体的表现都不会优于群体中表现最好的个体。群体交流让那些本来能给出最优解的个体,没有探索更多可能解的空间,而是停滞在局部最优中。无论任务的复杂度如何,群体都比最优个体产生了更多的解答,在任务复杂度最高时差异最显著;对于效率,任务越复杂,群体智慧带来的增益越大;无论任务复杂度如何,群体的探索半径都比群体中最优的个体要大;但群体给出解答的质量都没有超越群体中最优的成员[1]。

已有研究指出,群体并没有提升问题的解决质量,即群体的表现并不优于群体中最优的个体。当问题简单时,群体交流多半和任务无关,因此效率不高、耗时更长;但当问题复杂度很高时,通过将问题拆解,可以让每个人专门解决一部分,从而提升问题的解决效率。

因此需要考虑怎么有效利用团队内差异和趋同。如在问题准备过程中,请团队成员单独呈现问题,以保持差异化;同样的,在提出解决方案时,也尽量利用差异化,激发大家的讨论。在此之后,对某几个方案进行重点讨论、收敛、逼近。

在问题解决过程中,应当鼓励大家提出不同的意见和看法,采用建设性的讨论和批判,避免一言堂。

(3) 方案论证和决策的分离。决策层进行决策,执行层准备和论证方案,并提出不同方案的优劣势。

港珠澳大桥的招标案例中,在管理局层面成立招标工作领导小组,组长由管理局局长担任,管理局业务分管领导和各部门负责人为小组成员,领导小组负责对全部招标投标活动的领导和管理,实行集体会议决策机制或会审(签)制度。通过管理局局务会议研究确定,成立具体项目的招标工作小组,小组成员由计划合同部和各工程业务部门抽调专业人员组成,全面跟进各具体项目的招标工作。管理局针对各招标项目的专业特点及规模,共组建了5个招标工作小组。

计划合同部是大桥招投标工作归口管理部门。工程业务主办部门负责和参与招标过程的具体工作。大桥组织管理采用常规的"监管决策层→实施执行层"模式来运行,主要流程为招标项目立项→市场调查与调研→招标思路(模式)确定→招标文件编制→开评标组织→合同谈判→合同签订,以工作小组模式的运行开展该项目的招标工作,定期以招标工作小组会议决策权限范围的招标事项,并在关键节点或重大事项上提交至招标领导小组进行决策。

8.5.2 管理者的能力素质要求

复杂问题解决过程中,管理者需要具备以下关键能力:

(1) 制定目标和策略的能力,对发展趋势的把控和管理能力。如合同实施过程中,能充分提前预知可能的发展态势,做好提前估计和预警。

(2) 针对不完全、不充分的信息做出判断的能力。首先信息本身难以被收集完整;另外收集信息需要时间,而工程的时间紧迫性迫使管理者需要具备在信息不完全下的决策能力。

(3) 协调不同专业、综合决策的能力。建立和谐的关系,增加信赖和责任感,采用面对面的交流,促进专业知识的分享。强调职业价值观,强调不同参与者的独特贡献,而非强调一致性。

(4) 处理意外事件的应变能力。由于各种不确定性的存在,需要在突发过程中做出决策和应对。

(5) 提升团队成员的心理安全感。由于问题解决过程中会出现大量争议,为实现有建设性的争论和创新性的问题解决,团队成员要有较高的心理安全感,减少对惩罚等后果的顾虑。例如,可以安全地提出问题,承认错误,可以公开表示反对,不必要担心被惩罚等。特别是不同专业背景成员共同合作时,人们担心在不同专业面前显得比较无知,在表达观点上会有所顾忌。因此,可创造不承担具体的责任后果的条件,特别是法律、经济方面的后果。

(6) 倡导学习型组织。强调测试与学习,鼓励建设性争辩。

思考题

1. 试论述复杂工程管理问题分解的原则。
2. 试分析复杂工程管理问题的子问题的相互关联关系及应对措施。
3. 试分析复杂工程管理问题的子问题解决方案设计和评估的动态性。

参考文献和引申阅读材料

1. 参考文献

[1] ALMAATOUQ A，ALSOBAY M，YIN M，et al. Task complexity moderates group synergy[J]. Proceedings of the National Academy of Sciences，2021，118(36)：e2101062118.

[2] 程泰宁. 格局与创造力——规划建筑师的职业素养[EB/OL]. 2021. http://zjypxzx. com/c/2021-10-04/492476. shtml.

[3] 盛昭瀚. 重大工程管理基础理论：源于中国重大工程管理实践的理论思考[M]. 南京：南京大学出版社，2020.

[4] SIMON H A. The Sciences of the Artificial[M]. Cambridge：MIT Press，1996.

[5] 王建国. 中国城镇建筑遗产多尺度保护的几个科学问题[J]. 城市规划，2022，46(6)：7-24.

[6] PURANAM P，RAVEENDRAN M，KNUDSEN T. Organization design：The epistemic interdependence perspective[J]. Academy of Management Review，2012，37(3)：419-440.

[7] THOMPSON J D. Organizations in action：Social science bases of administrative theory[M]. New York：McGraw-Hill，1967.

[8] HODGKINSON G P，HEALEY M P. Toward a(pragmatic) science of strategic intervention：Design propositions for scenario planning[J]. Organization Studies，2008，29(3)：435-457.

[9] HONG L，PAGE S E. Groups of diverse problem solvers can outperform groups of high-ability problem solvers[J]. Proceedings of the National Academy of Sciences，2004，101(46)：16385-16389.

2. 引申阅读材料

[1] BERGLUND H，BOUSFIHA M，MANSOORI Y. Opportunities as artifacts and entrepreneurship as design[J]. Academy of Management Review，2020，45(4)：825-846.

[2] BROWNING T R，RAMASESH R V. Reducing unwelcome surprises in project management[J]. MIT Sloan Management Review，2015，56(3)：53-62.

[3] CROSS N. Expertise in design：An overview[J]. Design Studies，2004，25(5)：427-441.

[4] FISCHER A，GREIFF S，FUNKE J. The process of solving complex problems[J]. Journal of Problem Solving，2011，4(1)：19-42.

[5] GRUBER M，DE LEON N，GEORGE G，et al. Managing by design[J]. Academy of Management Journal，2015，58(1)：1-7.

[6] HO C H. Some phenomena of problem decomposition strategy for design thinking：Differences between novices and experts[J]. Design Studies，2001，22(1)：27-45.

[7] NICKERSON J，YEN C J，MAHONEY J T. Exploring the problem-finding and problem-solving approach for designing organizations[J]. Academy of Management Perspectives，2011，26(1)：52-72.

[8] 盛昭瀚，于景元. 复杂系统管理：一个具有中国特色的管理学新领域[J]. 管理世界，2021，37(6)：36-50，2.

[9] 盛昭瀚. 管理：从系统性到复杂性[J]. 管理科学学报，2019，22(3)：2-14.

[10] 高星林，戴建标，阮明华. 港珠澳大桥招标策划与实例分析[M]. 北京：中国计划出版社，2020.

第**9**章

论 文 写 作

本章主要介绍工程管理设计论文的组成部分、各部分的要求，并介绍学位论文开题报告撰写的内容和要求。

学习目标

（1）理解论文写作各部分要素的内容和要求。

（2）理解论文各部分的逻辑联系。

9.1 工程管理设计论文的要素

论文的撰写与研究过程有一定差异。论文撰写具有相对明确的顺序和结构要求（如表 9-1 所示），且每部分都有明确的内容安排要求，相互之间有清晰严密的逻辑关系，以保证有效呈现研究过程的透明和严谨。而研究过程中存在大量迭代、循环、反复修改，并非撰写要素呈现的顺序性过程。

表 9-1 论文的要素

要　　　素	描　　　　述
背景	（1）问题产生的背景和情境； （2）解决实践问题的重要性及动机
问题研究	（1）实践问题：症状分析和呈现问题； （2）研究问题和目标：已有研究在该问题解决中的不足和本研究的研究目标； （3）研究范围：界定问题对象和研究对象的范围； （4）研究的理论和实践意义：研究带来的设计理论贡献和实践意义
文献综述	（1）与本研究相关的研究综述：已有理论和实践，及其针对解决本研究问题的适用性和不足； （2）关键概念和理论：指导解决方案设计的关键概念和理论
目标和设计假设	（1）提出设计目标； （2）提出设计假设
研究方案	（1）提出验证设计假设的研究方案； （2）提出解决方案设计及评估的研究方案； （3）呈现研究问题、设计假设、解决方案设计、解决方案评估之间的逻辑关系

续表

要　素	描　述
解决方案设计与评估的实施和结果	(1) 呈现解决方案设计、迭代过程以及最终解决方案； (2) 解决方案评估的数据收集与分析以及最终结果
结果讨论	(1) 对研究结果的解读； (2) 分析结果对研究目标的回应程度； (3) 与已有研究的比较，呈现理论贡献和实践的重要性
结论	(1) 陈述重要的研究结论； (2) 陈述未来研究方向及本研究的不足

9.1.1　题目

题目需要精炼，表达准确。工程管理设计研究的题目可突出以下几点。

1. 突出设计科学导向

题目着重体现采用设计科学研究方法，以区别于抽样调查或案例研究。如为改进患者流动结果的临时性节奏改变：在一个国家卫生服务医院的设计科学研究[1]；设计乳腺癌的个性化治疗计划[2]。

2. 突出改进的对象

在题目中明确改进的对象，并采用改进、优化等关键词。如在线知识社区中寻找有用的解决方案：理论驱动的设计和多层次分析[3]。又如改善居家护理：通过参与和设计来创造知识[4]。

3. 突出解决方案的特色

在题目中明确解决方案的特色。如：数据驱动个性化产品的动态聚类方法[5]，该题目体现了动态聚类方法；利用协作性 KPI 设计外包服务合同[6]，该题目体现了采用协作性 KPI 来改进外包服务合同的设计。

确定题目时，可能有以下疑问：

(1) 要不要突出单个案例？如在副标题中添加"以某某项目为例"。研究需要体现一般性，即便题目中说明基于某案例，研究结论也需要体现一般性，需要对结论可扩展的边界进行细致阐述。

(2) 要不要突出理论视角？明确的理论视角给读者提供更丰富、准确的信息，可体现本研究的理论基础和解决方案设计的特征。

9.1.2　研究背景

1. 研究背景部分的要素

研究背景部分包括以下要素：

1) 界定实践问题的背景

从国家、社会、组织等背景层面阐述解决实践问题的迫切性和重要性。如在改进居家护理的案例中，作者从三个层面界定了实践问题的背景。从城市发展层面，基础设施可以减少老年人不必要地使用辅助生活设施和卫生保健系统。从社会发展层面看,婴儿潮一代到了需要援助的年龄,然而分配给家庭护理的资源却没有相应增加。从家庭层面看,居家护理符合人们意愿,也是经济实惠的。因此本文的实践问题是如何重新设计一个家庭护理服务系统。

2)呈现实践问题

实践问题的呈现有两种情况:

(1)需要对问题进行研究。从实践中观察到某些症状,需要对实践问题进行进一步研究,才能呈现问题。

(2)问题已经被定义和呈现。当问题已经被定义了,可直接进入解决方案设计阶段。

3)明确研究问题和研究目标

(1)研究问题与实践问题

研究问题和实践问题不同(见第4章)。研究问题针对理论的不足,其目的是贡献理论。实践问题针对实践中尚未达到预期状态,需要通过解决实践问题来达到预期状态。

实践问题可能是一些症状和表象因素,如成本超支、进度延期等。解决这些问题需要从某些理论视角进行抽象和提炼,来进一步形成研究问题。如成本超支问题可能是成本估算过程决策心理因素导致的(如乐观主义偏见)。研究问题对应理论贡献,要从实践问题转换到研究问题。通过理论视角对实践问题进行提炼,形成一个当前理论尚未解决的研究问题。

理论视角是提出研究问题的前提。因此,提出研究问题要求研究者具备一定理论基础知识,并且能熟练地运用理论知识来思考实践问题。

从写作过程看,研究问题的提出是研究的开端,呈现出一个线性的陈述过程。从研究实施过程看,研究问题的提出是一个循环迭代、非程序化的过程。如可能经过一定范围的调研和认知后对研究问题进行重新修正。也可能是在实施解决方案后产生新的研究问题,对最早的研究问题进行再调整。

(2)研究目标与设计目标

研究目标与设计目标存在差异。研究目标体现对研究预期状态的描述。研究目标对应的是研究问题,研究问题针对研究方面存在不足,研究目标体现通过研究拟实现的预期。

研究中,工程管理实践问题通过科学化和抽象化形成科学问题,进而确定研究问题,通过回答研究问题来解决实际问题,如图9-1所示。

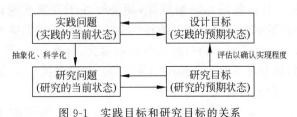

图 9-1 实践目标和研究目标的关系

2. 研究背景部分的要求

1）背景部分要素之间的逻辑关系

研究背景要素体现出"研究背景→实践问题→研究问题→研究目标"四者之间的逻辑联系以及层层递进的关系，并明确研究范围、研究的理论和实践意义。

2）提出有意义的实践问题和研究问题

（1）实践中存在大量待解决的问题，应当首先解决重要的、急迫的实践问题。同时提供一定的素材和数据来说明解决该问题的重要性和急迫性。

（2）提出的实践问题要有一定通用性，并非解决某一特定企业的问题。实践问题研究中需要呈现问题症状并进行原因分析。

（3）研究问题体现出已有理论的不足，因此需要透过理论看实践问题。

（4）提出的研究问题能通过研究来有效回答。工程管理设计研究在解决实践问题的同时产生理论贡献。研究问题越聚焦越容易被研究，好的研究问题在宽度上能引起读者注意，在细度上要能有效获得答案。

3）清晰陈述，格式正确

背景中各要素可采用醒目的表达方式，如"本研究的实践问题包括""本研究的研究问题是""本研究的研究目标包括"等。问题的呈现应当清楚明了，易于阅读，如问题一是什么，问题二是什么。

9.1.3 文献综述

文献综述具有两个目标：其一是凸显本研究的重要性，以及本研究将弥补的理论不足，主要通过批判性综述来实现；其二是为本研究的问题研究、解决方案的设计与评估提供理论基础。

1. 文献综述的主要内容

文献综述主要出现在以下三部分内容中：

（1）通过文献综述获得研究问题。一般在研究背景中介绍。该部分综述内容较为概括，较快进入研究主题。如需更周全、完整的说明，可在文献综述部分再做论述。

（2）详细分析已有解决方案对问题解决的效果，特别是分析其中的不足，为提出本研究的解决方案提供铺垫。一般在综述部分进行详细阐述。

案例1：Abbasi 等[7]认为网络钓鱼是一种利用人类而非软件漏洞的语义攻击，进而综述了与之相关的工具和模型，其中包括：①反钓鱼工具；②网络易感性模型，如回路安全框架、AMM 模型、DRKM 模型。在此基础上，作者得到了已有模型方法存在三个问题：①它们并没有试图预测用户对钓鱼网站的易感性，而是专注于开发或测试描述性行为模型；②网络钓鱼研究和用户敏感度模型通常只关注一个决定或行动；③尽管反网络钓鱼工具和网络钓鱼威胁相关因素对易受网络钓鱼攻击的影响很大，但已有模型对这些因素的重视仍有限。基于上述不足，研究者开发了一种用于预测用户对网络钓鱼网站易感性的工具，该工具可提供有效的实时保护和较高的可持续性。

案例2：现有的筛选增材制造生产备件方法主要有两种：专家驱动方法和数据驱动方法[8]。首先，对自下而上的专家驱动方法。作者分析了其局限之一是这种评估方法只考虑了有限的部分和因素。因此,一些符合条件的备件可能会被忽略。此外,此方法没有考虑提前期、安全库存、持有成本和陈旧风险等因素。其次,对自上而下的数据驱动方法。包含三个步骤,分别是确定备件分类、获取备件属性的权重、计算备件的总分。作者分析了其局限包括数据的可用性,许多公司可能缺乏与不同特征相关的数据来进行评估。最后,作者得出目前存在的问题主要是单一方法可能不适用于所有情境或所有公司,需要提出一种新方法来帮助公司筛选出符合增材制造技术应用要求的备件。

(3)分析关键的概念和理论模型。一般在解决方案部分进行综述,其目的是支撑解决方案的设计。

案例1:参考已有理论,钓鱼漏斗模型(phishing funnel model,PFM)的易受攻击性因素包括六类,它们会影响与网络钓鱼易受攻击性相关的决策。PFM涉及工具、威胁、用户的特征三个方面,每个方面都是基于一定的基础理论,对每一部分都做了详细综述[7],见表9-2所示。

表 9-2　与 PFM 易感因素类别相关的概念

PFM 因素	子 类 别	基 础 理 论	构 念	PFM 变量	理论在 PFM 的应用
工具因素	工具信息	技术接收模型	感知有用性	工具警告 工具检测率 处理时间 工具有用性	反钓鱼工具的采用取决于对其有用性和易用性的认识
	工具感知		工具易用性	需要的努力 错误成本	
威胁因素	威胁特征	保护动机理论	威胁经历	威胁领域 威胁种类 威胁内容	对威胁的反应取决于对威胁严重性和易感性的认识,并以以往经验为依据
			威胁严重性	威胁严重性 网络钓鱼意识	
	威胁感知		威胁易感性	感知严重性	
用户因素	人口统计	人在回路(human-in-the-loop)	人口统计	性别 年龄	人口统计、个人特征、知识和经验会影响预警效果
			个人特征	受教育程度	
	之前的网站经验		知识和经验	对机构的信任 领域熟悉度 网站熟悉度 过去的损失	

案例2:核心理论是知识采纳模型,如图9-2所示。知识采纳模型认为信息接收者对信息有用性的感知是知识采纳的直接决定因素,对于给定信息,感知信息有用性的决定因素包括感知的参数质量和发布消息的源可信度[3]。论据质量包括适当数量的数据、易于理解、相关性、客观性、及时性、完整性、结构和准确性。来源可信度包括过去的经验、专业知识和值得信赖。后续的解决方案设计中,作者对论据质量

图 9-2　信息采纳模型[3]

和来源可信度的维度进行了测量，并将其体现到了具体解决方案中。

如表 9-2 和图 9-2 所示，综述中可用图表等形式进行归纳和呈现。

2．文献综述的要求

1）文献综述的一般性要求

（1）目的明了。文献综述主要目的是支撑某一论点，如为确定已有研究不足、为铺垫解决方案的设计。文献综述要围绕这些目的开展，并充分回应这些目的，避免冗余和拖沓。

（2）逻辑严密。如为了确认研究不足，综述的内容需要包含支撑研究不足的论点；如为了铺垫解决方案的设计，要比较完整、严谨地呈现解决方案设计所涉及的理论基础。

（3）简练。用词简练，清楚表达意图，避免用词冗余和使用复杂句子。

2）文献综述的注意点

（1）注意研究结论的解读。如有些研究中讲合同治理和关系治理，有些研究中讲正式控制和非正式控制，各自对概念内涵以及结论的解读可能并不一致，不宜混用。

（2）注意解读结论所处的情境。综述直接说"过去研究发现"时，要注意其特定的情境特征。如国外研究项目合作伙伴关系时，有相关的合同和组织设置要求、招标要求等，这些制度情境与我国的制度情境存在差异，难以直接套用。再比如某些早先的研究结论，由于情境变化（如法律法规的调整），这些结论并不一定再适用。

（3）避免直接摘录已有研究综述部分的内容。对已有研究内容需要进行重新表述，以满足研究综述的目的。在引用的地方需使用双引号，并标注页码，做到规范引用。

（4）文献综述是用于支撑本研究论点，不需要过细地综述不相关内容。

（5）避免罗列论文。可依照文献综述的目的进行分类、整合和分析。

3）文献综述容易出现的问题

（1）对理论综述的欠缺。如何找到合适的理论，以及怎么利用理论仍是很多研究中面临的突出挑战。可以采用从课程中学习、问题导向的搜索等方式来确定合适的理论视角。理论主要用于分析实践问题和设计解决方案。

（2）实践问题的理论抽象不足或不恰当。文献综述是对过往研究的整理，其前提条件是对本研究所关注的实践问题进行合适的理论化抽象，进而找准其相关的理论支撑进行综述，即实践问题和理论分析存在对应性。如将实践问题理论化成组织间信任的理论问题，即可对组织间信任相关的理论展开综述，可以从理论上分析组织间信任的特征、规律和形成机理。如果存在对实践问题的理论化抽象不足或不恰当等问题，会导致综述内容不对应，难以有效地支撑综述的目的。

（3）对综述缺少针对性训练，造成对文献的阅读、理解和整理存在一定障碍。文献综述（广义层面包括对已有实践的调查和整理）是一项重要的研究能力，相对于实践者谈经验，研究者应当具备对理论进行系统梳理的能力。即便当前对某一理论理解较浅，也可以快速查找、整理和学习。

4）文献综述常见的疑问

（1）综述的论文数量是不是越多越好？写作过程中，部分初学者会关心到底需要读多少论文，又需要引用多少论文。对于这点，并没有特定的数量上的要求。总体要求是对整个研究领域有清晰的认识，没有遗漏。如有些开题报告有硬性的论文数量要求，可能也是不得已而为之。

（2）是否要综述过往所有的相关研究？综述的目的不是阐述过去的所有研究,而是理清其中的逻辑,有效地支撑本研究中观点和各阶段的研究工作。

（3）是否要最近年份的研究成果？研究的相关性和支撑性是最为重要的考虑,但不宜都采用老、旧参考文献。

9.1.4 设计目标与设计假设

1. 设计目标

设计目标体现解决方案计划达到的预期效果,指导解决方案设计和评估。设计目标的设计过程见5.2节的内容。目标设计需要理性和科学,具体体现在:①考虑不同主体的差异性,兼顾多方的利益诉求;②跨阶段性;③环境与可持续性要求;④处理不同目标之间的平衡。

论文中设计目标呈现的过程是"分析实践问题症状→分析原因(引入一定的视角或对问题进行裁剪和理论化)→设计解决方案的目标"。

案例1：在服务外包的协作性关键绩效指标设计案例中[6],研究者发现服务外包的难题在于难以确定绩效指标,并且难以衡量业主的贡献和影响。因此,作者提出构建协作性关键绩效指标,该指标不仅可用于评价供应商的贡献,而且可以促进业主的行为,并可以通过合作的方式进行定义。

案例2：流程改进有利于改善组织绩效,但是高互动服务环境(如医疗保健服务)流程改进效果难以维持,如肾移植术后患者护理教育不到位会导致术后并发症而再次入院。因此在目标设计上要考虑流程改进的可持续。研究者提出重新设计后的肾移植术后患者护理教育流程应兼具标准化和适应性,并可维持改进效果[9]。

2. 设计假设

设计假设需通过理论推演来获得,体现解决方案设计的方向,并通过评估予以验证。设计假设的呈现可以参考CIMO、元设计与元需求等框架(具体见5.3节)。

1）基于理论基础

设计假设是基于一定理论推导而来的,因此需要探讨设计假设与设计理论的关系。如Liu等[3]以知识采纳模型作为设计假设提出的理论依据,知识采纳模型认为信息接收者对信息有用性的感知是知识采纳的直接决定因素。

2）体现了设计理论的基本要素

设计理论的要素包括情境、因果关系及解释、具体化的解决方案。对这些基本要素需要在设计假设的形成过程中进行介绍。情境作为理论的边界,需要明确。因果关系及解释是设计假设的核心要素,需要解释因果机理。依据设计假设设计具体的解决方案。

CIMO框架包含四部分[10]。①背景：解决问题的背景条件和约束。②干预：具体的解决方案。③机理：干预产生的作用形式和作用机理。④结果。具体实例见第5章。

Walls等[11]提出了信息系统设计理论的四个组成部分：核理论、元需求、元设计、可验证的假设。①元需求定义了设计的目标;②核理论类似于机理,是已有的理论基础,用于指导设计;③元设计是满足于元需求的人造物;④可验证性的假设用于验证元设计是否能满足元需求。具体实例见第5章。

3）设计假设的迭代修改

在设计过程中，可能会对设计假设进行修改和调整，需要在设计假设的提出过程中予以详细介绍。

案例：Groop 等[4]将四种改进措施组成的解决方案总结为一种结合了约束理论和可变需求库存补充原则的组合创新，并将其命名为"基于需求的家庭护理补充"。作者提到干预措施产生了一些非预期的效果，对这些效果难以预测。作者最初没有意识到实施第三个和第四个干预措施，直到第一个和第二个干预措施产生了效果。作者在论文中对干预措施的提出过程做了详细说明。

9.1.5 研究方案

1）研究方案的内容

研究方案是对研究实施的整体设计，是一个逻辑性的计划，用于实现从"这里"到"那里"，这里可以定义为一系列需要回答的问题，而那里可以是一系列关于问题的答案。在"这里"和"那里"之间可能存在一些主要的步骤，包括收集和分析相关的数据[12]。更形象的比喻是要进入一个房间可以选择走正门和偏门，假设选择通过正门进入，手里必须具备走正门的一些工具，并且在脑海里清楚为什么选这条路，而不是其他的，来引导对这条路的理解和认识。

从操作层面，研究方案是如何展开问题研究，如何设计解决方案以及如何进行评估的过程。主要包括三个部分：

（1）如何联系问题研究、解决方案设计与解决方案评估三个阶段。

案例 1：在建立用于支持环境可持续性转型中的意义建构的研究中，研究过程包含四个阶段（如图 9-3）所示。

第一阶段：问题和目标的识别和制定。

第二阶段：确定了最初的设计准则。这些准则是基于意义建构过程中所需的显著可供性以及提供这些可供性的物质属性。

第三阶段：设计和开发阶段。将设计准则转化为一个原型（在案例中是一个基于 Web 的平台）。

第四阶段：展示和评估。评估解决方案的可行性，进一步发展设计准则。

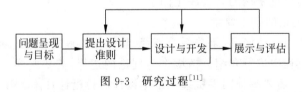

图 9-3 研究过程[11]

案例 2：在家庭护理服务改进服务的研究中，研究者通过五个步骤开展研究[4]：

第一步：认识非充分定义的问题。描述负面效应，确认利益相关者。

第二步：理解负面效应发生的原因。针对问题的生成机理，构造现实树。

第三步：问题呈现。呈现冲突性目标、冲突的解决和核心问题。

第四步：设计假设。设计干预措施来解决核心问题、进行组合性创新。

第五步：预期与评估结果。观察结果、分析非预期的效果。

（2）研究场景的选择。选择具体研究场景并进行论证。包括描述选择该场景的理由和具体研究场景。

案例：研究场景是一所规模较小的大学，学生不到1000人。作者解释了选择该场景的理由，并认为该学校提供了合适的环境来演示和评估提出的设计。在进行研究时，该学校已经开始了可持续发展的转型，并制定了可持续发展的愿景。尽管可持续发展是该学校的战略目标，并有一些由管理层、研究团队、员工和学生所提出的零散倡议，但没有专门的渠道让每个人参与讨论与可持续发展相关的话题[13]。

（3）各阶段研究设计、数据收集和数据分析过程。

① 问题研究阶段的研究方案

问题研究阶段的研究方案主要是针对问题症状，如何通过数据收集和分析确认其原因。

案例：在识别销售线索黑洞的案例中包含两个步骤[14]：

第一步：通过探索性访谈收集数据和分析得到问题的背景、原因和后果的核心描述。

第二步：对公司流程数据进行挖掘，以验证探索性访谈结果并探索销售线索管理流程中的其他瓶颈。

② 解决方案设计阶段的研究方案

解决方案设计阶段的研究方案的目的主要是促进解决方案的设计，如目标设计、设计假设的提出、具体解决方案的设计。特别是针对解决方案的实施者和使用者进行数据调研，以更有效地促进解决方案设计。

某研究采用研讨、访谈等方式进行解决方案设计数据收集，见表9-3。

表 9-3　不同阶段数据收集的来源

流程重新设计之前	重 新 设 计	重新设计之后
• 现场观察 • 87 个患者的抽样数据 • 过程图 • 术后照顾的指导书籍和视频 • 照顾等	• 研讨会数据 • 标准的工作流程步骤 • 服务提供者的访谈 • 患者的小组访谈 • 护理数据等	• 现场观察 • 45 名患者的抽样数据 • 每周报告 • 护理数据等

来源：文献[9]。

③ 解决方案评估阶段的研究方案

案例：Seidel 等[13]对解决方案评估的研究方案从以下几方面展开说明。

评估目的：将解决方案的目标与使用系统的实际观察结果进行比较。当预期和实际结果存在差异时，探索可能产生所需可供性的替代或其他的物质属性。如有必要，对设计准则进行修改。

数据收集策略：评估的前两轮使用了两个主要数据源，即使用数据（人们在平台上进行的讨论）和焦点小组（在每个周期之后，组织了两个焦点小组与平台用户进行讨论）。采用焦点小组的原因是焦点小组可提供关于物质属性深入、翔实的数据。

数据收集：通过电子邮件、Facebook 帖子、海报、自助餐厅的信息会议和二维码邀请潜在的参与者。为了鼓励参与，研究团队向贡献者颁发礼品券。

数据分析方法：分析了定性数据（用户在平台上写了什么）和定量数据（帖子数量、

投票数量等），并进行了自上而下的编码过程，将使用情况和焦点小组数据与识别的可供性和物质属性进行了比较。对于每个可供性，通过数据来分析可供性是否被实施，哪些物质属性起支撑作用（来自使用数据），哪些物质属性产生哪些可供性（来自焦点小组）。

综合使用焦点小组数据和使用数据旨在实现三角测量。前两名作者参与数据分析，并寻求与第三名作者达成共识。在意见不一致的情况下，将进一步讨论，以确保一致性。在整个过程中，保持开放的态度，以发现物质属性是否引起了任何非计划的可供性。

2）研究方案呈现的要求

（1）透明。过程描述清晰、准确。

（2）逻辑严谨。研究方案的步骤都有明确的理由，涉及迭代时，需要说明做了怎样的修改和调整。

（3）合理。合理是指采用的研究方案在已有条件下（如一定的资源约束）是最满意的。

9.1.6　解决方案呈现

解决方案呈现是指对设计的解决方案进行描述，并介绍边界范围、与设计假设的逻辑联系等。解决方案呈现包括以下内容：

（1）呈现设计假设到解决方案的过程，以及两者之间的逻辑关系。

（2）呈现解决方案设计过程中的搜索过程和关键的决策点。设计可视为一个搜索的过程。因此，需要明确如何搜索，以及在哪个阶段停止搜索。

（3）评估解决方案实现设计假设的程度和有效性。

（4）清晰地呈现。步骤清晰，可采用表格或图的形式来呈现。

解决方案呈现可能存在以下问题：

（1）对解决方案的设计缺乏充分论证。如只陈述了解决方案，缺少必要理论支撑的论证。

（2）解决方案设计缺乏理论基础。如研究房地产预售资金多主体监管，可分析其他行业监管实践，以及已有理论怎么解释多主体资金监管的问题。

（3）设计的解决方案较为宽泛。如针对质量管理问题，提出采用 PDCA 循环和建立质量保证体系等，可能对理论知识贡献不足。

（4）解决方案的整体性问题。解决方案应当形成一个体系，各部分存在严密的逻辑关系（比如用图或表来呈现），不能太零散。

9.1.7　解决方案评估

1. 解决方案评估的内容

具体评估内容可见第 6 章，主要包括：

（1）评估策略，确定评估策略，以及用于控制干扰措施的因素。

（2）评估要素，包括环境、评估对象、评估方法、评估指标、评估主体、评估基准等。

（3）评估过程的描述。

（4）评估结果。

案例：为了验证钓鱼漏斗模型(PFM)的有效性，研究者进行了两个实验[7]，分别在学校场景以及一个安全软件供应商场景下，见表9-4。

表 9-4　评估实验总结[7]

研　究　问　题	实验类型和持续时间	参与者（两个组织的员工）	因变量
问题1：在组织环境中，PFM能够多大程度上有效地在一段时间内预测用户对网络钓鱼的易感性	预测：纵向（12个月）	1278人	（1）打算与网络钓鱼网站进行交易；（2）观察到的交易行为
问题2：易感性预测的干预能在多大程度上有效改善组织环境中的回避结果	干预：纵向（3个月）	1218人	

2. 解决方案评估的要求

（1）评估要素的描述完整、清晰。

（2）评估过程逻辑严密。

（3）对干扰因素控制严格。

（4）评估结果的描述准确。

3. 解决方案评估的常见问题

（1）有些研究缺少这部分内容，或缺少部分评估要素的描述，如缺少评估指标、评估方式、评估对目标的实现情况的描述。

（2）评估对象的问题。如设计一个风险评估的方案，其评估目的是验证该风险评估方案的可行性和可操作性，而不是评估某项目风险等级，可以通过风险等级（结果）维度来验证风险评估方案的有效性。

（3）解决方案评估的问题。在呈现方案评估要素时，只呈现了评估结果，而对评估指标的选取、评估方案的设计等缺乏详细描述。

（4）干扰因素考虑不足。无法有效证实解决方案与观察到的结果之间的因果关系。

9.1.8　结果讨论

1. 讨论部分的内容

（1）对理论的贡献。理论贡献主要针对研究目标和设计假设进行讨论。研究贡献包括提出了哪些新设计理论。理论贡献需要引入与已有研究的对比，阐述本研究结论相较于已有理论的改进。

（2）对实践的贡献。讨论解决方案评估结果对解决实践问题、设计目标的实现程度。如某研究中讨论到新设计的解决方案预计将减少40%以上不必要的成像，并将转移性疾病漏诊的患者比例限制在1%以下[15]。

2. 讨论部分的要求

（1）概括性较强，避免重复描述。应着重凸显本研究相较于以往研究的理论改进，以及解决问题的程度。

（2）中心思想突出和醒目。如对设计目标的实现，可用比较醒目的表达，如"本研究将有助于改进""本研究的理论贡献是""本研究的实践意义"。

9.1.9 结论

结论部分涵盖四部分内容：

（1）理论贡献方面和解决实践问题的总结。简略陈述理论贡献和实践问题的解决。

（2）通过解决实践问题产生的社会经济影响。从实践维度，说明解决方案将带来的社会经济影响。

案例：研究者用数据分析方法来开发、校准和验证预测模型，以帮助泌尿科医生根据患者个体的风险因素来制定前列腺癌的分期决策。这项工作能够产生重大的社会影响，减少了错过转移性癌症病例的机会，并减少了不必要的影像学研究的危害。此外，这项工作有助于降低医疗成本，而不会对患者产生负面影响。研究团队估计 MUSIC 在 2015 年通过减少不必要的成像研究节省了超过 26.2 万美元，并且节省在未来几年还会继续增加[15]。

（3）问题和解决方案的边界条件。边界条件主要是指结论的可扩展性，需要讨论在哪些条件下是成立的。

（4）研究不足以及未来研究方向。介绍研究中存在的不足，以及未来可以继续开展的研究方向。

案例：该研究存在一定局限，实验对象是一家规模相对较小的急性综合医院。因此，需要进一步的研究来测试本文提出的干预措施和机理在其他医疗环境中的适用性，以检验研究结果的有效性[1]。

9.2 开题报告

开题是研究生学习过程的制度性要求。对学生而言，应明确研究问题，综述当前研究现状，设计合适的研究方案，理清研究思路，为研究实施做规划。评审专家则需要依据开题报告做出评审，以确定开题是否能通过。

1. 开题报告的内容

工程管理设计研究开题报告包括表 9-5 中的主要内容。其中背景、问题研究、文献综述部分的内容与 9.1 节介绍的内容要求上是一致的。但在某些内容的写法上存在一定差异，如：研究的意义是指预期实现的理论和实践意义；实施方案是指计划实施的研究计划和技术路线。

表 9-5　开题报告的组成

组　成	描　述
背景	（1）问题的产生背景和情境； （2）解决问题的重要性和解决的动机
问题研究	（1）实践问题：呈现实践问题及问题的原因； （2）研究问题和目标：已有研究在该问题解决中的不足，以及本研究拟弥补的研究目标； （3）研究范围：界定研究的范围、问题对象的范围、解决方案的适用范围等； （4）研究的理论和实践意义：研究形成的理论和实践意义

续表

组 成	描 述
文献综述	（1）与本研究相关的研究综述：已有理论和实践以及其解决问题的适用性； （2）关键概念：指导解决方案设计的关键概念和理论
研究内容	研究内容的安排
研究方案	研究方法与技术路线
预期成果	预期的成果，及创新点
可行性分析	（1）研究内容完成和实施方案可操作性的评价； （2）难点、挑战及应对措施
其他	（1）进度安排； （2）基础资料的准备等

开题报告有以下几部分内容与表9-1存在差异。

（1）研究内容。研究内容通常针对研究问题和研究目标进行规划而定，有可能是一一对应关系，也可能是一个研究问题对应多个研究内容。研究内容需要按一定的逻辑顺序确定。典型的逻辑顺序是先后关系，如先研究问题1，问题1的结果作为问题2的输入。

（2）可行性分析。①研究数据是否可以获取；②研究思路是否恰当；③进度安排可行性；④研究方案设计是否严谨；⑤研究中的重难点，以及拟采用的解决措施。

2. 开题报告的评价

针对开题报告，评审专家需要评价选题的价值，文献综述是否恰当，研究方法可行性论证是否充分，格式规范是否满足要求等。开题报告主要评价：

（1）选题的实践价值和理论价值。研究拟解决的是否行业和社会发展所关切的问题，是否具有理论价值。

（2）内容的完整性。是否完整包含表9-5的内容，开题结束后，是否可以直接进入实施阶段。

（3）格式的规范性。规范性是通用要求，如：采用统一模板、统一的内容安排；格式方面包括字号、行间距、首行缩进、段前段后间距得当，且全文一致等。

（4）可行性分析。如研究方案设计的逻辑是否自洽、对范围是否能进行有效管理、数据是否可获得等。

（5）逻辑的严谨。对研究目标、文献综述、研究内容和实施方案的逻辑进行清晰的分析和陈述。提供给评审人完整的逻辑链条，供分析和评价。其中包括：

① 研究方案是否能有效回答研究目标，研究方案中对研究误差的控制是否合适。

② 文献综述是否能够支撑研究问题、引出研究问题，对关键概念和理论的梳理是否完整。

③ 研究内容和研究目标是否具有较好的对应性。

9.3 写作的操作性建议

写作常出现的问题有内容陈述逻辑性不足、口语化、段与段之间的联系或段内句子的联系不清晰等。这一方面体现出文字功底的不足，另一方面体现出是否有认真的态度。对此，有以下操作性建议：

（1）模仿。对从句子写作到段落逻辑关系的处理都可以通过模仿来学习。先找到好的模板，然后细致地体会用词和造句的微妙之处，进行模仿学习。

（2）每一段最好陈述一个中心思想，且段落不宜太长。单一中心思想并有中心句容易让读者快速了解段落的大意。用词用语要简单，无二义。不应带有修辞性表达。

（3）多读、多修改。多读指口头朗读，有些语句、逻辑在思考中是连贯的，但读出来之后就容易感受到其中的突兀。也可以交叉阅读，如请他人进行阅读，更容易发现写作问题。

（4）写作体现在细节。如对于一些可辩驳的用词需要仔细斟酌，这些细节体现出理论功底和研究方法严谨的功底。如果理论功底薄弱，对研究方法理解不到位，在有些用词和论证上就会处理得比较随意。

思考题

1. 试分析实践问题与研究问题的联系和区别。
2. 试分析研究目标与设计目标的联系和区别。
3. 试分析研究方案设计与研究方案实施之间的联系。

参考文献和引申阅读材料

1. 参考文献

[1] JOHNSON M，BURGESS N，SETHI S. Temporal pacing of outcomes for improving patient flow：Design science research in a National Health Service hospital[J]. Journal of Operations Management，2020，66(1-2)：35-53.

[2] CHEN W，LU Y，QIU L，et al. Designing personalized treatment plans for breast cancer[J]. Information Systems Research，2021，32(3)：932-949.

[3] LIU X，WANG G A，FAN W，et al. Finding useful solutions in online knowledge communities：A theory-driven design and multilevel analysis[J]. Information Systems Research，2020，31(3)：731-752.

[4] GROOP J，KETOKIVI M，GUPTA M，et al. Improving home care：Knowledge creation through engagement and design[J]. Journal of Operations Management，2017，53-56(1)：9-22.

[5] BERNSTEIN F，MODARESI S，SAURÉ D. A dynamic clustering approach to data-driven assortment personalization[J]. Management Science，2019，65(5)：2095-2115.

[6] AKKERMANS H，VAN OPPEN W，WYNSTRA F，et al. Contracting outsourced services with collaborative key performance indicators[J]. Journal of Operations Management，2019，65(1)：22-47.

[7] ABBASI A，DOBOLYI D，VANCE A，et al. The phishing funnel model：A design artifact to predict user susceptibility to phishing websites[J]. Information Systems Research，2021，32(2)：410-436.

[8] CHAUDHURI A，GERLICH H A，JAYARAM J，et al. Selecting spare parts suitable for additive manufacturing：A design science approach[J]. Production Planning & Control，2021，32(8)：670-687.

[9] ANAND G，CHANDRASEKARAN A，SHARMA L. Sustainable process improvements：Evidence from intervention-based research[J]. Journal of Operations Management，2021，67(2)：212-236.

[10] DENYER D，TRANFIELD D，VAN AKEN J E. Developing design propositions through research synthesis[J]. Organization Studies，2008，29(3)：393-413.

[11] WALLS J G，WIDMEYER G R，EL SAWY O A. Building an information system design theory for

vigilant EIS[J]. Information Systems Research,1992,3(1)：36-59.

[12] YIN R K. Applications of case study research[M]. California：Sage,2011.

[13] SEIDEL S,CHANDRA KRUSE L,SZéKELY N,et al. Design principles for sensemaking support systems in environmental sustainability transformations［J］. European Journal of Information Systems,2017,27(2)：221-247.

[14] VAN DER BORGH M,XU J,SIKKENK M. Identifying,analyzing,and finding solutions to the sales lead black hole：A design science approach［J］. Industrial Marketing Management,2020,88：136-151.

[15] MERDAN S,BARNETT C L,DENTON B T,et al. OR Practice-Data analytics for optimal detection of metastatic prostate cancer[J]. Operations Research,2021,69(3)：774-794.

2. 引申阅读材料

[1] GREGOR S,HEVNER A R. Positioning and presenting design science research for maximum impact［J］. MIS Quarterly,2013,37(2)：337-355.

[2] GROOP J,KETOKIVI M,GUPTA M,et al. Improving home care：Knowledge creation through engagement and design[J]. Journal of Operations Management,2017,53(1)：9-22.

[3] HEVNER A R,MARCH S T,PARK J,et al. Design science in information systems research[J]. MIS Quarterly,2004,28(1)：75-105.

[4] HEVNER A R. A three cycle view of design science research[J]. Scandinavian Journal of Information Systems,2007,19(2)：4.

[5] JOHNSON M,BURGESS N,SETHI S. Temporal pacing of outcomes for improving patient flow：Design science research in a National Health Service hospital[J]. Journal of Operations Management,2020,66(1-2)：35-53.

[6] MARCH S T,STOREY V C. Design science in the information systems discipline：an introduction to the special issue on design science research[J]. MIS Quarterly,2008,32(4)：725-730.

[7] CHAUDHURI A,GERLICH H A,JAYARAM J,et al. Selecting spare parts suitable for additive manufacturing：a design science approach[J]. Production Planning & Control,2021,32(8)：670-687.